KB274499

대한민국
초등학생

행복하게 사는 법을 배우지 못한 아이들

대한민국 초등학생

1판 1쇄 펴낸날 2012년 8월 20일
1판 3쇄 펴낸날 2014년 10월 24일

지은이 김수정
펴낸이 정종호
펴낸곳 (주)청어람미디어

책임편집 조은미
편집 김희정 윤정원 정미진 오현미
디자인 마루한
마케팅 김상기
제작·관리 정수진
인쇄·제본 한영문화사

등록 1998년 12월 8일 제22-1469호
주소 121-914 서울 마포구 상암동 1654 DMC이안상암1단지 402호
전화 02-3143-4006~8
팩스 02-3143-4003
이메일 chungaram@naver.com

ⓒ 김수정 2012
ISBN 978-89-97162-27-7   13590
잘못된 책은 구입하신 서점에서 바꾸어 드립니다. 값은 뒤표지에 있습니다.

이 도서의 국립중앙도서관 출판시도서목록(CIP)은 e-CIP홈페이지(http://www.nl.go.kr/ecip)와
국가자료공동목록시스템(http://www.nl.go.kr/kolisnet)에서 이용하실 수 있습니다.
(CIP제어번호 : CIP2012003446)

행복하게 사는 법을 배우지 못한 아이들

대한민국 초등학생

김수정 지음

청어람미디어

이 땅의 행복한 초등학생을 위해

지금 아이를 키우고 있는 당신은 행복하십니까?

저는 '행복합니다'라고 대답할 수 있도록 노력하며 살아왔습니다. 그러나 어느 날 문득 돌아보니 저와 아이의 행복보다는 타인에게 뒤처지지 않기 위해 아등바등하며 아이를 채찍질하는 저 자신을 발견하게 되었습니다. 그것은 조금도 행복하지 않은 일이었습니다.

그래서 어느 날부터 조금씩 마음속을 꽁꽁 동여매고 있던 욕심을 버리기 시작했습니다. 아직도 완전히 버린 것은 아니지만, 조금씩 내다 버린 욕심만큼 행복이라는 두 글자가 비집고 들어올 틈이 생겼답니다. 학교에서도 학부모님을 만날 때면 아이가 행복할 수 있도록 노력하시라는 조언을 잊지 않고 드립니다. 아이를 공장에서 찍어내는 인형처럼 깎은 듯이 예쁘게 만들어내기보다는, 비록 거칠지라도 아이 스스로 삶을 만들어가는 과정을 지켜보는 것을 행복의 일 순위로 삼아보시라는 말씀도 드립니다. 저 역시 그렇게 살기 위해 노력하고 있습니다.

부모인 우리가 욕심을 비우지 않기 때문에 아이들은 불행합니다.

태어나면서부터 초등학생으로 살아가는 지금까지 몸집에 맞지 않는 엄청난 양의 공부를 하고 있고, 친구를 사랑하고 형제를 사랑하기 전에 경쟁하고 경계하는 방법부터 습득했습니다. 무거운 과제로 받은 스트레스를 가족과의 행복한 시간으로 풀지 못하고 게임이나 TV, 외로움으로 풀고 있습니다. 아무리 단속을 하고 애써도 학교에서 학교폭력이 사라지지 않고 자살하는 아이들이 끊이질 않고 인터넷과 게임 중독에 빠져 허우적거리는 아이들이 늘어나고 있는 것은, 아이의 정서를 먼저 생각하지 않고 아이를 부모 욕심의 희생양으로 내몰았던 결과일 것입니다.

행복하게 사는 법을 배우지 못한 아이들은 대한민국의 초등학교에서 적응하기 어렵습니다.

저는 이 책에서 아이들의 행복한 초등 학교생활을 위해 부모인 우리가 알아야 할 가장 민감한 것들에 관해 이야기하고자 합니다. 현장에서 아이들을 교육하고 있는 교사만이 알 수 있는 초등학생들의 모든 것에 대해 전해 드리고자 합니다. 우리 아이들의 초등 학교생활 이야기를 통해 부모님의 자녀교육이 나아갈 방향을 제시해 드리고 싶습니다. 비록 부족하지만, 객관적인 입장에서 아이들에 관한 이야기를 들려 드리는 것이 부모님의 눈과 귀를 현혹하는 각종 상업적인 매체나 떠도는 '~카더라' 통신보다 훨씬 유익한 이야기가 될 거라 확신합니다.

이 책은 다음과 같이 구성했습니다.

PART 1에서는 초등학교 학부모님들이 가장 궁금해하시는 학교폭력과 왕따 문제를 다루었습니다.

학교폭력과 왕따 문제는 모든 부모님께서 마음을 열고 해결 방법을 모색하면 해결될 수 있습니다. 초등학교 현장에서 만날 수 있는 학교폭력과 왕따 사례를 자세하게 분석해보고, 해결 방법을 모색해보았습니다.

PART 2에서는 요즘 초등학생들의 생활 모습과 마음속에 품고 있는 생각들을 담았습니다.

요즘 초등학생들이 무엇을 좋아하고 무슨 생각을 하고 무엇을 원하는지 알면 가정에서도 자녀에게 다가가기가 좀 더 쉬워질 것입니다. 또 더 많은 대화를 나눌 수 있을 것입니다.

PART 3에서는 초등학교에서 만날 수 있는 학교 행사와 활동들을 소개하고 월별로 참고하면 좋은 생활 방법을 담았습니다.

이 장에서는 준비된 부모님으로 거듭날 수 있는 확실한 해법을 소개해 드리고자 합니다. 초등학교에서 진행되고 있는 각종 행사와 활동들을 살펴보며 아이의 소질에 맞는 행사를 적절하게 준비하는 방법을 알려 드립니다. 월별로 어떤 행사가 있는지 제대로 파악하지 못해 중요한 행사를 놓치는 일이 없도록 배려하였으며, 야무지게 학교생활을 하는 방법도 함께 소개했습니다.

PART 4에서는 엄마들이 가장 고민하는 문제들을 콕콕 집어내어 해결책을 제시해 보았습니다.

마지막 장은 이 책의 하이라이트입니다. 엄마들이 가장 고민하는 아이들 문제에 관하여 저와 일대일 상담을 통해 마음의 평화와 위안을 얻으실 수 있는 글로 구성하였습니다.

마지막으로 드리고 싶은 말씀은 단 하나입니다.

'사랑하라. 후회하지 않을 만큼 사랑하라.'

내 자녀의 있는 그대로를 사랑하시고 껴안아 주신다면 초등학교 6년 생활은 평탄하고 행복할 수 있을 거라 믿습니다.

이 땅의 모든 부모님께 마음으로부터 우러나오는 감사의 인사를 드립니다.

2012년 어느 여름날, 김수정

차례

Contents

차례

Contents

PART 1

엄마가 오해하는
학교폭력과 왕따의 진실

엄마들의 가장 큰 고민, 혹시 우리 아이가 학교폭력의 피해자?
무서운 아이들에 관한 충격적인 이야기
가해자가 피해자가 되는 초등학교 왕따를 말한다
가해자가 피해자가 되는 초등학교 왕따 개선 방안
내 아이가 혹시 가해자라면 어떻게 해야 하나?

요즘 교육계의 화두는 학교폭력이다. 하지만 언론에서 보도하는 내용을 보면 핵심을 제대로 짚지 못하고 있어 안타깝기 그지없다. 특히 초등학교에서 학교폭력 문제는 폭력이 아닌 교우관계의 측면으로 바라보아야 하며, 발달과정선상에 놓인 아이들 상호 간의 문제이기 때문에, 아이를 다 자란 성인의 시각으로 바라보아서는 문제를 해결하기가 어려워진다.

많은 엄마가 초등학교에 아이를 입학시키면서 가장 우려하는 부분 중 하나는 학교폭력이라고 한다. 여리디여린 내 아이가 어디선가 맞고 와서 자신도 모르는 곳에서 울고 있는 것은 아닌지, 친구가 때리고 괴롭혀도 말도 못하고 끙끙 앓고 있는 것은 아닌지 걱정하고 또 걱정한다. 사실 요즘처럼 자식이 귀하고 또 오매불망 귀하게 키우는 시대에는 이런 고민이 너무나 당연한 걱정이 아닐까 싶다. 나 역시 같은 마음을 가지고 있으니 말이다.

과거에 우리 어릴 때는 동네에 나가 놀다가 친구들끼리 코가 비뚤어지게 싸우고 들어와도 어른들은 '다 싸우면서 크는 거다.'라고 넘기곤 하셨다. 심지어 코피가 터지고 머리가 깨져도 상처만 치료해주실 뿐 '어이구, 이 녀석! 다음부터는 그러지 마라.'는 잔소리와 꿀밤 한 대로 넘어가는 경우가 많았다. 그리고 또 다음날이 되면 코피 터지게 싸웠던 그 친구와 어깨동무하며 룰루랄라 즐겁게 놀던 기억이 30~40대의 부모라면 누구에게나 있을 것이다.

지금은 작은 상처라도 하나 생기면 당장 아이가 아닌 어른들 상호 간의 큰 문제로 불거진다. 사회는 그만큼 빠르게 변화하고 있다.

이 글에서는 요즘 초등학교에서 볼 수 있는 다양한 학교폭력 사례를 살펴보고 그 대처법도 함께 알아볼 것이다.

▌학교폭력 첫 번째 사례 **놀리는 아이 vs 폭발한 아이** 

아이들끼리의 다툼은 우리 어릴 때와 마찬가지로 폭력이라는 말을 사용하기 어려운 애매한 부분이 있다. 일단 초등학교 4학년까지는 대부분 상호 간의 다툼 양상을 띤다는 것에 주목해야 한다. 즉, 한 아이가 일방적으로 당하지는 않는다는 뜻이다. 폭력이라는 말은 한쪽이 상대방에게 저항하지 못하고 일방적으로 공격을 당할 때 성립되는 것이다. 그런데 평범한 초등학생들은 가해자와 피해자를 명확하게 나누기 어려운 경우가 많다. 일단 주먹이 오고 가는 다툼일 경우(이런 경우는 많지는 않지만) 누군가가 상대방을 심하게 놀렸고, 참다 참다 못해 폭발하는 경우가 대부분이다.

한쪽은 언어폭력을 행사했고 다른 한쪽은 물리적인 폭력을 행사했다. 놀린 아이는 피해자, 참다 폭발한 아이는 가해자일까? 둘 다 똑같은 녀석들이라는 결론이 나온다. 그러나 물리적인 폭력을 행사한 아이는 문제가 심각해진다. 일단 언어폭력을 행사한 아이는 증거가 남지 않지만, 물리적인 폭력을 행사한 아이는 상대방에게 상처를 입혔기 때문이다.

이럴 때 많은 엄마가 저지르는 실수 하나! 언어폭력을 행사한 아이 엄마가 정황을 자세히 알아보지 않고 물리적인 폭력을 행사한 아이의 집에 전화해서 무조건 상대방이 잘못했다는 식으로 몰아붙이는 것이다.

특히 욱하는 성격의 소유자라 친구와 잘 놀다가도 이따금 친구가 놀리면 참지 못하고 주먹을 날리는 아이들의 엄마들은 스트레스가 이만저만이 아니다. 매번 친구 엄마의 전화공세에 시달려야 하기 때문이다. 자식을 잘못 가르쳤다는 죄책감은 엄마들의 자존감을 무너뜨리고 더 나아가서는 그 스트레스를 아이에게 다시 되돌려줄 가능성이 크기 때문에, 되도록 빨리 이 상황을 헤쳐나가는 지혜가 필요하다.

아이가 다투고 돌아와서 누군가에게 맞았다고 한다면 무조건 상호 간의 잘못이 있었음을 염두에 두어야 하며, 상대방 아이를 탓하기에 앞서 내 아이의 학교생활에 문제가 없는지를 살펴보아야 한다. 일단 맞고 돌아온 아이를 잘 위로해주고 난 다음, 담임선생님에게 전화 혹은 상담을 통해 아이가 객관적으로 학교에서 어떻게 생활하고 있는지 확인해보아야 한다. 담임선생님은 객관적인 입장에서 상황판단을 해줄 수 있는 분이기 때문이다.

만약 여러 가지 정황을 모두 살펴봐도 내 아이의 잘못이 없다면 그때 상대방 부모님을 만나 차분하게 상황을 정리하며 대화를 나누는 것이 좋다. 만약 내 아이가 자주 남을 놀리거나 때린다면, 반드시 어릴 때 이 습관을 바로잡아 주어야 한다. 빨리 바로잡지 못하면 교우관계나 학교생활 전반에 큰 영향을 미치게 되므로, 무조건 내 아이를 두둔하며 상대방 아이 탓을 하지 않도록 주의해야 한다. 이런 방법은 일을 더 크게 키울 수 있음을 명심하자.

다만 아이를 지도할 때 큰소리로 꾸짖거나 매를 사용해서는 안 된다. 폭력을 폭력으로 지도하는 방법은 가장 어리석은 지도법이다. 좀 더디 가더라도 아이가 이해할 수 있도록 꾸준히 설득하고 교화하는 방법이 더 바람직하다.

■ 학교폭력 두 번째 사례 여린 성격과 친구에 대한 집착 

아무도 모르게 상처받는 아이가 있다. 기질적으로 예민하고 여린 성격의 아이들이 이러한 상처를 많이 받는다. 뜻밖에도 겉으로 보기엔 한없이 착하고 사람들을 좋아하여, 신학기마다 새로운 선생님에 대한 거부감 없이 무척 잘 따라서 귀여움을 받는 스타일인 경우가 많다.

이렇게 착하고 사랑스러우며 사람에게 애착이 강한 아이들은 친했다고 믿었던 친구가 자기도 모르게 상처 주는 말을 하면(우리도 모르게 남에게 상처 주는 말을 하는 경우가 더러 있듯이) 세상이 무너지는 듯한 좌절감을 맛본다. 그리고 그 후에도 지속되는 친구의 행동에 자기도 모르게 끌려가고 있는 자신의 모습을 보며 용기를 잃고 방황하는 경우가 많다. 이 아이는 때림이나 놀림을 당하지도 않은 상태에서 스스로 정신적인 폭력을 경험하게 된다.

이럴 때 가장 중요한 것은 주변 사람들이 아이에게 특정한 친구에 대해 집착하고 있음을 일깨워주는 것이다. 사실 상대방 친구는 아이에게 의도적으로 상처 주는 말을 할 생각이 없었을지도 모른다. 어린 아이들은 친구의 말투가 강하거나 태도가 약간 위압적일 경우, 자신도 모르게 주눅이 들고 별것도 아닌 말에 상처를 받기도 한다. 그것은 이 아이와 상대방 아이가 서로 기질적으로 맞지 않기 때문이다. 이럴 때는 아이가 자신과 비슷한 기질을 가진 아이와 단짝이 될 수 있도록 제자리를 찾아주고, 모든 사람이 나와 비슷한 생각과 행동을 할 수는 없다는 것을 끊임없이 알려주어야 한다.

모든 사람이 늘 나처럼 상대방을 배려하고 아껴주고 마음에 들지 않는 말은 가려서 하면 좋겠지만, 그렇지 않은 사람들도 있다는 것을 이해시켜주어야 한다. 그리고 아이가 상처받아 울고 있을 때 부모는 절대 아이 탓을 해서는 안 된다. 부모는 아이의 편임을 알려주고 기를 살려주자. 그것이 아이의 상처받은 자존감을 회복시켜주는 길이다. 예를 들어 다음 두 가지 대화상황을 살펴보자.

❶ "엄마, 우리 반 A가 오늘 나한테 공부도 못하는 게 나선다고 놀렸어요. 너무 속상해요."

"어이구, 그러기에 평소에 공부 좀 열심히 하라고 했잖아! 네가 네 무덤을 판 거야. 평소에 공부를 안 하니까 친구에게 놀림이나 당하지."

❷ "엄마, 우리 반 A가 오늘 나한테 공부도 못하는 게 나선다고 놀렸어요. 너무 속상해요."

"저런! 우리 B, 너무 속상했겠구나. 공부를 못한다는 말을 그렇게 쉽게 하다니, 정말 마음이 아팠겠다."

"속상해서 막 울었어요."

"우리 아들, 이리 와. 엄마가 안아줄게."

(안아주고 충분히 위로해준 다음)

"그런데 아들, 다음에 친구가 그렇게 이야기하면 울지 말고 분명하고 똑 부러지게 이야기해줘. 나는 그런 말을 들으면 불쾌하니 다시는 하지 말라고 말이야. 할 수 있지?"

"친구가 화내거나 들은 척도 안 하면요?"

"분명 화를 내거나 더 놀릴 수도 있겠지. 하지만 네 의사표현을 확실하게 하는 게 더 중요해. 엄마는 아들이 잘할 수 있을 거라고 믿어."

두 대화 내용 중 나는 어느 쪽에 속한 부모인지 생각해보자. 어느 방법이 더 좋은 방법인지는 읽으면서 깨달을 수 있을 것이다.

여린 아이들은 대체로 자기가 상처받은 것을 말로 표현하지 않는 경우가 많으니, 아이에게 자주 학교생활에 대해 물어보고 대화를 나누면서 아이의 마음을 읽어주는 것이 무엇보다 필요하다 하겠다. 물론 말하지 않고 스스로 마음을 다잡으며 이겨내는 경우가 더 많을 것이다. 하지만 결국 아이에게 상처를 이겨낼 힘을 주는 존재는 부모임을 잊지 말자.

이러한 유형은 대체로 고학년으로 접어드는 4학년, 빠르게는 3학년 2학기부터 나타나기 시작한다. 좋게 이야기하면 리더십이 뛰어난 아이들이지만 경우에 따라서는 왕따의 주동자가 되기도 한다. 보통 이런 아이들은 남들보다 우월한 무엇인가를 가지고 있다. 공부를 아주 잘하며 외모도 뛰어나다든지, 운동을 무척 잘한다든지, 슈퍼모델 뺨치게 예쁘다든지, 언변이 좋다든지 하는 특징이 있어 많은 아이가 부러워하는 면모를 갖추었다. 그래서 항상 주변에는 친해지고 싶어 하는 친구들로 가득하다.

이 뛰어난 아이를 A라고 해보자. A는 친구들 모두에게 다 잘해주고 싶지만, 특별히 끌리는 친구가 있게 마련이다. 그러므로 특별히 친한 친구를 만들게 되는데, 이 모임에서 소외된 아이들은 모멸감이나 소외감을 느끼게 된다. A를 중심으로 친구관계가 재편되는 것이다. 어른들이 정치세력의 중심이 되면 자신도 모르게 권력을 쥐고 흔들게 되듯이 아이들의 사회도 똑같다. A는 자신도 모르게 대통령의 위치에 오르게 되고 자신이 스스로 가지고 있는 권력의 맛을 즐긴다. 이 권력의 힘이 잘만 분배된다면 리더십이 되지만, 그렇지 못하면 누군가를 따돌리는 중심축으로 사용될 수 있음을 알아야 한다.

당신이 만약 A의 부모님이라면 아이가 학교에서 회장, 부회장을 도맡아 하며 두각을 나타낼 때, 겸손과 겸양의 미덕을 함께 가르쳐주어야 하며, A의 주변에 함께하는 친구들이 어떤 성향인지 눈여겨볼 필요가 있다. 왕따의 중심에 자녀 자신도 모르게 우뚝 서 있게 되었다는 사실을 나중에 주변에서 듣게 되면, 모범생에 예쁜 우리 아이가 그럴 리 없다며 부모님 대부분은 믿기 힘들어한다.

또한, A의 주변 친구들의 부모님이라면 자녀가 중심 없이 우러러보고 싶은 친구만 따라다니는 성향은 아닌지 살펴봐야 한다. 끌려다니기만 하고 자신이 중심이 되지 못하면 언젠가는 힘든 상황을 겪게 된다. 내 아이의 자아가 중심에 우뚝 설 수 있도록 자신감과 자존감을 키워주고, 아이의 장점을 찾아 격려해주자.

꺼진 불도 다시 보는 체크 리스트!
예쁘고 착한 우리 아이가 친구들에게 군림하는 아이라면?

- 아이가 평소보다 많은 핸드폰 문자를 주고받는다.
- 아이의 평소 말투가 지시적이다.
- 내 아이는 욕심이 많은 편이며 모든 일에 상당히 의욕적이다.
- 내 아이는 지고는 못사는 편이다.
- 내 아이는 자기주장이 강한 편이다.
- 3학년 이후부터 학급회장이나 부회장에 자주 선출되었다.
- 외모가 예쁘다는 칭찬을 자주 듣는다.
- 친구들을 따라가기보다는 친구들을 이끌어가는 편이다.
- 뜻대로 되지 않으면 짜증을 잘 낸다.
- 또래 친구 엄마들로부터 아이 문제로 전화를 받은 적이 있다.

6개 이상 해당되면 아이의 친구 문제에 대한 점검과 부모의 세심한 지도가 필요하다.

아이들이 좋아하는 아이들

학교에서 인기 있는 아이들은 어떤 아이들일까? 그건 바로 정서적으로 안정되어 마음의 여유가 있는 아이들이다. 마음의 여유가 있으니 상대적으로 너그러운 성품을 가졌다. 저학년 때는 자주 공격을 당하는 대상이 되기도 하지만, 결국 고학년에 올라가면 이 아이들이 친구관계를 주도하는 핵심 멤버가 된다.

우리 사회는 그동안 도덕성에 대하여 너무 소홀히 생각해왔다.

하지만 어른들도 도덕적으로 훌륭한 사람들에게 끌리듯이 아이들 역시 마찬가지라는 생각을 늘 염두에 두어야 한다. 넓은 마음과 상대방을 배려하는 성품은 어릴 때부터 허용적이며 민주적인 가정환경을 통해 길러줄 수 있다. 부모 스스로 아이에게 인격을 존중하는 말투, 너그러운 포용력, 참고 기다려주는 면모 등을 보여주면 아이의 인간관계 형성에 플러스 요인으로 돌아온다는 것을 생각하자.

매일 으르렁거리며 친구와 다투는 아이를 원하는가, 친구들에게 인정받는 아이로 자라기를 원하는가? 선택은 부모의 몫이다.

# 친구관계에 대한 초등 선생님들의 생생한 조언

길을 가는 세 친구에게는 두 명의 스승이 있습니다. 잘난 친구는 잘하는 대로 못하는 친구는 못하는 친구대로 다 배울 점이 있습니다. 자는 토끼도 깨워 함께 끝까지 갈 거북이 같은 친구가 이 시대에 꼭 필요하다고 봅니다.

– 녹지아 선생님

아이들에게 좋은 친구 사귀라고 하지 마세요. 내 아이가 좋은 친구인지 먼저 살펴보시고 좋은 친구가 되라고 해주세요.

– 수원 화양초 타이산 선생님

학교에서 어떤 사건이 일어났을 때 아이들의 말만 믿고 섣불리 판단하지 마세요. 아이들은 그 상황을 모면하기 위해 간혹 거짓말을 합니다. 그건 그 아이가 나쁜 아이이기 때문이 아닙니다. 아직은 판단력이 분명하지 못한 나이이기에 일어나는 지극히 자연스러운 현상입니다. 그러므로 반드시 담임선생님을 통해 사건의 정황을 들으셨으면 합니다.   – 전소아 선생님

같은 반에 장애학생이 있다면 일반 학생들은 타인에 대한 배려를 배울 수 있고, 사회적 책임감 형성에도 도움이 됩니다. 그리고 성장한 후에는 서로의 인격과 차이를 인정하고 다양성을 수용하는 성숙한 성인으로 자리매김하게 될 것입니다.

– 유지 선생님

아이가 선생님과 친구들에게 사랑받기를 원하신다면 부모님께서 먼저 진정한 사랑을 주세요. 사랑을 받아본 사람이 다른 사람을 배려할 수 있답니다. 부모님께서 먼저 아이와의 약속을 꼭 지켜주시고 따뜻한 밥과 간식을 잘 제공해주세요. 그리고 아이들의 의견을 경청해주세요.

– 서울 연촌초 이승미 선생님

두 번째 이야기들은 순수하고 착한 아이들을 키우고 있는 엄마들에게는 충격적인 이야기가 될 것이다. 모두 실화를 바탕으로 한 이야기들이기 때문이다. 이제 평범한 아이들이 티격태격하는 이야기에서 벗어나 사회에서 흔히들 '무서운 아이들'이라고 불리는 아이들에 관한 이야기를 들려드리고자 한다.

나는 이 아이들을 무서운 아이들이 아니라 마음이 멍든 아이들이라 부르고 싶다. 부모의 무관심과 폭력, 그리고 학대 속에서 어릴 때부터 자기도 모르게 바르지 못한 길을 걸어야 했던 이 아이들. 어찌 보면 영혼이 참 맑았을 아이들인데, 세상은 그 아이들에게 바르게 살 기회조차 빼앗았고, 이제 학교폭력의 원인을 모두 그 아이들과 그 아이들을 우연히 맡게 된 교사들에게만 돌리고 있다.

결론부터 말하자면 아이들은 죄가 없다! 그리고 그 아이들을 맡게 된 교사들은 아이들을 훈육할 권리가 없는 세상이 되었다. 폭력이 발생해도 해결할 수 있는 사회적 장치가 우리나라는 너무 미흡하고 멀리 있다. 그리고 모든 원인이 결국엔 가정에 있다는 것을 다 알면서도 절대 핵심을 짚어 이야기하려 하지 않는다. 이것이 가장 큰 문제다. 더 이상 깊이 발언할 수 없음을 이해해주시길 바라며 학교폭력의 실제 사례를 하나씩 살펴보자.

▌학교폭력 네 번째 사례 **카페나 블로그에 중독된 아이들** 

남자아이들이 게임에 열중한다면 여자아이들은 고학년이 되면 인터넷 커뮤니티 사이트에 몰입하는 경향이 강하다. 포털사이트 블로그나 상호 관심사가 같은 카페를 운영하며 서로 학교에서 못다 한 수다를 푸는 것을 좋아하는데, 이는 매우 중독성이 강해 한 번 중독된 아이들은 인터넷 사용이 불가능한 환경에서도 게시판이 생각나 몸이 근질근질해진다고 하니 얼마나 여자아이들이 이와 같은 소통을 좋아하는지 짐작이 갈 것이다.

5학년 담임을 맡았던 어느 날이었다. 반 아이들이 가끔 나에게 와서 인터넷 채팅 사이트를 통해 반 친구들을 다시 만나곤 하는데, 아이들이 학교에서는 사용하지 않는 욕설을 사용해서 몹시 불쾌하다고 했다. 그래서 채팅 사이트를 사용한 지 얼마나 됐냐고 물었더니 다들 3~4달이 넘었고, 학급 아이들 대부분이 정해진 시간에 접속해야 한다는 말이 되돌아왔다.

너무 놀라서 어떻게 된 일인지 조사를 했다. 놀랍게도 학급에서 3명의 아이가 부모님이 일 나가고 없는 저녁 시간을 틈타 아이들에게 정해진 시간에 접속하게 한 다음, 엽기동영상을 전송하거나 입에 담지 못할 욕설을 하고, 로그아웃을 하고 나가려 하면 학교선배들을 불러 보복하겠다며 아이들 발목을 잡고 있었음을 알게 되었다. 그 3명의 아이 때문에 대다수 아이가 울며 겨자 먹기로 인터넷 채팅을 해야 했고 상당수의 아이는 엽기동영상을 보며 구역질과 모멸감을 느껴야 했다는 것이다. 반 아이들은 보복이 두려워 말하지 못하고 부모에게는 숙제해야 한다는 핑계를 대며 채팅을 하고 있었던 것.

결국, 부모님 한 분 한 분께 모두 전화를 드려 채팅 사이트 접속을 차단하고 인터넷 사용을 금지해줄 것을 당부하고 나서야 이 사건은 일단락되었다. 하지만, 선생님께 말하면 보복을 당할까 봐 두려워 말도 못하고 떨었을 아이들을 생각하니 너무 가슴이 아팠다.

사건을 저지른 아이들은 모두 부모의 통제 밖에 있는 아이들이었다. 다들 바빠서 아이들이 무엇을 하고 누구를 만나고 어떤 생각을 하며 살고 있는지 관심을 둘 수가 없는 상황이었다. 그리고 그와 같은 사건이 있었다고 말씀을 드려도 대부분 '아이들이 크다 보면 욕도 하고 그럴 수도 있지.' 하며 깐깐하게 따지고 드는 담임을 원망하거나 지적하는 반응이 대부분이었다. 내 아이가 타인의 영혼에 어떤 잘못을 저질렀는지는 생각하려 하지 않았다.

바쁜 것은 이해할 수 있지만, 내 아이가 남에게 욕을 하고 나쁜 짓이라 불리는 행동을 저지르면서 쾌감을 느끼는 상태까지 왔음에도 모르고 있었음은 정말 큰 문제가 아닐까 싶다. 그런데 생각보다 이와 같은 부모가 많다. 내 아이가 지금 게임이나 인터넷 커뮤니티 사이트에 열중하고 있다면 그 아래 자막으로 뜨는 수많은 욕설 속에 이미 내 아이가 저절로 물들어가

고 있는 것은 아닌지 제발 한 번만이라도 살펴봐줄 것을 간곡하게 부탁하
고 싶다.

 **학교폭력을 막기 위한 아이들의 인터넷 이용 팁**

❶ 10세 이전에는 인터넷 게임을 시키지 않는다

인터넷 게임은 폭력적이며 자극적인 내용을 수반하기 때문에 아이들 정
서 건강에 좋지 않다. 또한, 게임을 통해 배운 욕설과 은어는 아이의 정
서 세계를 지배하게 될 것이다. 아무리 트렌드를 따른다 해도 돈 들여가
며 내 아이의 뇌 건강을 악화시킬 이유는 없다. 10세 이전에는 절대 게
임을 접하지 않도록 하고, 10세 이후에도 될 수 있으면 게임을 시키지
않는 것이 아이의 정서 건강과 학습 활동에 도움이 된다.

❷ 인터넷 커뮤니티 활동! 유익한 활동으로 전환해 준다

선생님이나 연예인 또는 반 친구들의 안티 카페를 만들어 활동하는 아
이들이 내 아이가 될 수도 있다는 사실을 명심해야 한다. 가십거리로 넘
쳐나는 인터넷 커뮤니티 활동이 아닌, 체험학습보고서나 독서 일기 등을
정리하고 유익한 정보를 공유할 수 있는 블로그 활동으로 대체할 수 있
도록 도와주자.

짧은 교직 경력이지만 제법 거칠고 힘들다는 아이들을 많이 맡아 보았다. 학교폭력 가해자라 불리는 아이들을 가르치면서 가장 힘들었던 점은 아이들이 거칠고 말을 듣지 않아서가 아니라, 이 아이들을 기르고 있는 부모님의 태도였다. 100이면 100, '내 아이는 죄가 없다.' '내 아이에게 돈을 빼앗긴 그 녀석들이 어리석다.' '교사인 네가 내 아이에게 나쁜 감정 있는 거 아니냐.' 와 같은 반응을 보이서서 더는 아이를 위한 그 어떤 조언도 할 수 없었고, 결국 아이는 아무런 행동 변화를 보일 수가 없다는 점이 나를 아프게 했다. 아이가 반항하고 뻣뻣하게 구는 것은 아이이기 때문에 이해할 수 있지만, 아이의 이런 모습을 인정하려 하지 않고 깊숙이 덮어 버리려고만 하는 부모님을 만나게 되면 정신적으로 힘들고 슬프다.

학교 앞에서 아이들 돈을 광범위하게 가로챘던 제자 A군도 그와 같은 경우였다. A군은 5학년에 진급했을 때 이미 학교에서 유명 인사였다. 아이들을 때리고 심하게 괴롭히는데다가 어린 나이에 벌써 중학생들과 어울려 다닌다는 것이었다.

"아무리 터놓고 상담하려 해도 속을 절대 드러내는 법이 없어요. 김 선생이 잘 설득해서 사람 한번 만들어 봐요."

작년 담임선생님의 조언도 있고 해서 특별히 관심을 기울였던 A군. 그런데 A군은 모든 사람의 예상과는 달리 학교생활을 아주 잘해 주었다. 수업시간에 열심히 들었으며 친구들과도 사이좋게 지냈고 서글서글한 외모에 상냥한 말투로 봉사활동도 열심히 참여해서 내 마음을 기쁘게 해주었다. 그러던 어느 날, 지나가는 저학년 아이들이 중얼거리는 말을 듣게 되었다.

"어제 우리 돈 뺏은 형 5학년 *반 맞지?"

"그런가 봐, 그 형 누나도 우리 학교라던데."

"어휴, 무서워. 오늘은 피해 가자."

아이들이 종종걸음으로 사라지는 모습을 멍하니 바라보다가 나는 그만 뒤통수를 맞은 듯 충격을 받았다. 그 무섭다는 돈 뺏는 형이 바로 A군이었던 것.

당장 비밀리에 수사에 착수했다. 교사는 형사 콜롬보에 버금가는 추리력과 수사 능력도 갖추어야 함을 매번 깨닫는다. 비밀리에 아이들 증언록을 받아본 결과, A는 거의 매일 후문 앞에서 아이들 돈을 갈취했던 것으로 드러났다. 그러나 아이들은 A군의 누나가 6학년 짱인데다가 누나를 통해 중학교 폭력 서클 멤버들과 광범위하게 연관되어 있다는 것을 알기 때문에 선생님은 물론 부모님께도 알리지 않았다는 것이다. 너무 가슴이 아팠다. 적극 막아 주었어야 할 내가 이 사실을 까맣게 모르고 있었다는 것도 교사 인생에 아직 큰 상처로 남아있다. 부모님께 알리기 전에 A를 불러서 2시간가량 이야기를 나누었다. 처음에는 펄쩍 뛰던 A도 증거를 보여주자 잠시 입을 다물더니 결국 실토했다.

"왜 그랬니?"

"PC방 가려고요."

"집에서 하거나 엄마에게 말씀드리면 되잖아."

"엄만 집에 없고요. 어디서 돈 버는지도 모르겠고요. 고모 집이라서 컴퓨터 제가 못써요."

"아이들에게 말하니까 순순히 주던?"

"네. 제가 달라고 하니까 무서워서 얼른 주고 도망가더라고요. 괜히 으쓱해졌어요. 애들이 절 무서워하는 모습이 재미있기도 했고요."

그 와중에도 영악하게 눈을 굴리며 빠져나갈 궁리를 하는 A를 보니 마음이 아팠다. 한참 이런저런 이야기를 나누자 A의 눈에서 눈물이 쏟아졌다.

"죄송해요."

"아니야. 선생님은 말이지, 네 마음속에 뭔가 말 못 할 아픔이 있는 것 같다."

이 말이 떨어지기가 무섭게 A는 한참 동안 눈물을 흘렸다.

나중에 알게 된 사실이지만 A는 어렸을 때 부모가 이혼해 엄마가 A를 키우고 있지만, 생계를 꾸려가느라 바빠 얼굴조차 제대로 보지 못하고 살고 있다고 한다. 사랑을 받고 자라야 할 어린 시절을 부모의 이혼으로 말미암은 상처와 돌봐줄 사람 없이 혼자 버텨야 했을 모진 시간……. 어른은 만나고 헤어지면 그만이겠지만 아무도 돌보지 않고 남겨진 아이는 아프다. A의 잃어버린 시간을 누가 되찾아 줄 수 있을까?

A는 결국 훔친 돈을 아이들에게 모두 되돌려주고 사과했다. 그러나 A의 엄마는 끝내 학교에 모습을 나타내지 않았으며 짤막한 메모로 '내 아이가 돈을 훔친 것은 맞지만 기죽이지 말아 달라.'는 메모만 간단히 아이 편에 보냈을 뿐이었다. A의 자존심을 상하지 않게 하기 위해 몰래 남겨서 아이의 상처받은 마음을 보듬어주기 위해 노력했다는 것을 어머님은 알고 계셨을까.

이번 사례는 스스로를 고립시켜 왕따가 되어버린 아이의 이야기다. 어쩌면 앞선 사례보다 더 무서운 이야기가 아닐까 생각해 본다.

B가 처음 5학년에 진급했을 때, B가 어디에 앉아 있어도 금방 눈에 띨 만큼 광채가 났다. 뽀얗고 맑은 피부에 여자아이처럼 커다란 눈망울이 초롱초롱했던 미소년 B는 학급에서 둘째가라면 서러워할 우등생이었다. 그러나 발표력이 뛰어나다든지 떠들썩한 스타일은 아니라서, 조용히 교실에서 책을 읽고 있으면 온종일 아무도 말을 걸지 않아도 모를 지경이었다. B는 성적은 우수한 아이였는데 늘 피곤하고 힘들어 보였다. 아침에 등교할 때 보면 다크 서클이 진하게 드리워져 있었다. 다들 먼지 풀풀 날리며 이리저리 뛰고 노는 쉬는 시간에도 B는 엎드려 졸거나 창밖을 초점 없는 눈으로 멍하니 바라볼 뿐이었다. 친구가 너무 없는 것 같아 주의 깊게 살펴보던 중 B의 아버님으로부터 전화를 받았다.

"선생님, 고민이 있습니다."

"네?"

"사실 제가 얼마 전 이혼을 해서 아이 엄마가 집에 없어요. 그래서 아이가 새벽 3~4시까지 게임을 하는 것 같아요. 저는 새벽일을 하는 직업이라 집에 없거든요."

"어머, 그런 일이 있었나요?"

"네, 선생님. 우리 B 붙들고 이야기 좀 해주세요. 옛날엔 친구들도 가끔 집에 데려와서 놀곤 했는데 지금은 계속 혼자만 있으려고 해요. 아마 게임을 하기 위해서인 것 같아요. 정말 답답하고 힘듭니다.”

“네, 알겠습니다.”

아버님과 통화를 끝내고 비로소 B의 비밀을 알게 되었다. B는 동틀 때까지 게임을 즐기느라 그렇게 늘 피곤하고 힘들었던 것이다. 피곤하고 힘이 드니 친구들과 어울리고 싶어도 어울릴 수가 없었을 것이다. 게다가 원래 소극적이고 얌전했던 B가 먼저 친구에게 다가가 놀자고 하지도 않았을 터. B가 이 상태를 지속하면 해마다 점점 더 고립될 것이 분명했다.

B처럼 게임이나 자극적은 무엇인가(폭력만화와 판타지 소설이 대표적)에 지나치게 몰입된 아이들은 이렇게 친구를 사귀기가 점점 어려워진다. 사회적으로 고립된 아이들은 친구들의 기억 속에 잊혀져 스스로 왕따가 되고 만다. B는 지극히 관심을 기울이는 아버지가 계셨지만 아이의 생활을 관리할 수 없어 문제가 더 불거진 경우라 안타까움이 더했다.

아이들이 무엇인가에 몰입하고 있다는 것은 그만큼 아이의 마음속에 사랑이 부족하다는 것을 의미할지도 모른다. 내 아이가 지금 무엇에 열중하고 있는지 다시 한 번 눈 크게 뜨고 살펴볼 일이다.

# 다음과 같은 상황이 반복되면 즉각 게임을 중단시키자

❶ 아이가 글쓰기를 부쩍 싫어하고 일기를 5줄 이상 쓰기 어려워한다

종합적인 사고능력이 떨어지면 가장 먼저 타격을 받는 것이 글쓰기 능력이다. 동기유발 자체가 되지 않기 때문에 하루 일을 정리하여 느낀 점을 덧붙여야 하는 일기쓰기는 고역이 된다. 글쓰기뿐만 아니라 복잡한 수학계산에서도 난관에 부딪힌다. 읽기 능력도 현저하게 떨어지게 되므로 결국 종합적으로 학습에 악영향을 끼치게 된다.

❷ 게임과 공부를 거래하려 한다

분명히 주말에만 30분씩 하게 해주겠다고 이야기해도 이미 게임에 맛을 들인 아이들에게는 아무 소용없다. 어떻게든 평일에도 게임을 하기 위해 엄마에게 공부와 게임을 거래하려고 한다. 엄마들은 처음에는 게임을 통해 아이가 공부하니 못 이기는 척하고 받아주지만, 점점 아이는 공부는 소홀히 하고 더욱더 게임에 몰두하는 생활을 하게 될 것이다.

❸ 갑자기 화를 내거나 폭력적인 행동을 한다

이 상태가 되면 이미 많이 진전된 상태이다. 특히 요즘 나오는 게임들은 폭력적인 내용을 수반하는 경우가 너무 많다. 게임을 너무 오래 해서 못하게 했을 때 내 아이가 갑자기 화를 내거나 문을 쾅 닫고 나가는 등의 거친 행동을 한 적이 있는가? 있다면 즉각 게임을 중지시키고 아이가 아날로그적 생활에 적응할 수 있도록 부모의 애정과 관심을 쏟아주어야 한다.

❹ 게임을 하기 위해 부모 몰래 PC방을 방문한다

이 상태가 되면 이제 더는 지체하면 안된다. 아이는 해가 더해갈수록 게임을 하기 위해 그 어떤 편법도 마다치 않을 것이다.

청소년 유해정보 차단 및 인터넷 시간관리 소프트웨어 안내

'그린i-Net'(www.greeninet.or.kr) 사이트 접속 – 무료 다운로드 – 9개 소프트웨어 중 기능을 비교해보고 선택하여 다운로드하면 된다.

빠르면 4학년 2학기 때부터 그리고 평균적으로 5학년 때부터 서서히 아이들은 자기 성향과 비슷한 아이들끼리 무리를 지어 어울리기 시작한다. 엄마의 친분 관계가 아이들의 친분 관계로 이어지기도 하고, 방과 후에 컴퓨터 게임을 하는 아이들끼리 친해지기도 하며, 얌전하고 수줍음이 많아 친구에게 적극 다가가기 어려운 아이들은 그러한 아이들끼리 친해져서 늘 붙어 다니는 단짝이 되기도 한다. 그렇지만 아이들은 어른들과 달리 순수해서 무리무리 나누어지더라도 다른 무리와 적대감을 형성하지는 않는다. 체육 활동이나 모둠 활동을 할 때는 전혀 다른 무리의 아이들끼리 어울려야 하는데 대부분은 그런대로 잘 어울리는 편이다.

그러나 유독 모든 아이가 배척하고 그중 몇몇 무리에게 크게 미움을 받는 아이가 있다. 우리는 그러한 아이들을 두고 왕따라고 부른다. 학교 사정을 잘 모르는 TV나 언론매체에서는 피해 아이들의 슬픔을 집중 조명하며 다룬다. 중·고등학교 아이들은 만나보지 않아 잘 모르겠지만 무조건 가해자의 잘못만으로 치부하기에는 가려진 진실들이 너무나 많다는 것……. 그리고 그것을 바로 볼 줄 모르는 어른들이 대부분이라는 것에 늘 안타까움을 금할 수 없다.

적어도 초등학교에서 일어나는 왕따 사건은 가해자 탓으로 모든 잘못을 돌리면 아무것도 해결되지 않는다. 오히려 가해자는 이 일을 빌미로 더 강하게 피해자를 압박해 갈 것이다. 요즘은 학교와 가정이라는 드러난 공간 외에도 인터넷이라는 숨겨진 공간이 존재하기 때문에, 가해자가 피해자의 정신세계를 파괴할 수 있는 공간은 충분하다고 볼 수 있다. 과연 근본적인 해결책은 없을까? 그리고 왕따 사건 속에 숨겨진 진실은 무엇일까?

우리 부모 세대가 어릴 때 따돌림을 받는 아이들은 신체적인 약자이거나, 지나치게 불결하고 다른 아이들이 싫어하는 행동을 하거나, 지금 상황과 전혀 다른 말을 하고 이상한 장난을 잘 치는 아이들이 그 대상이었다.

그러나 요즘은 어른들이 보기에 너무나 멋지고 모범적이며 예쁜 아이들이 그 대상이 되는 경우가 많다. 겉으로 보았을 때는 아무 이상 없어 보이는 아이가 따돌림을 받게 되니 대부분은 가해자를 비난할 수밖에 없다. 혹은 질투가 나서 그런 것이라는 흉을 보기도 한다.

그러나 폭력이 수반되는 경우보다도 그렇지 않은 따돌림은 정말 무서운 것이다. 아이들은 어른들이 제아무리 "저 아이와 제발 친하게 놀아주렴." 하고 말해도 근본적인 마음이 바뀌지 않는 한은 절대로 마음을 돌리지 않는다. 화창한 현장학습 날 모두 그 아이에게서 등을 돌리며 밥을 먹는 광경을 보면 정말 소름이 돋을 정도로 아이들의 마음은 차갑다. 왜! 아이들은 어른들이 보기에 그토록 훌륭한 아이를 외면하는 것일까?

교사들은 사건을 조사하는 과정에서 가해자들의 집요함과 과감함에 혀를 내두른다.
심지어 교사 앞에서도 서슴지 않고
"쟤랑 함께 밥을 먹어야 하는 거예요?"라며 짜증을 내기도 하고 피해 아동이 발표라도 하면 야유를 보내기도 한다. 막연히 아무 이유 없이 따돌리는 것으로 보기엔 정도가 심한 경우가 많다.

일단 나는 학교에서 따돌림 즉 왕따와 관련된 사건이 발생하면 가해자와 피해자를 따로 불러 상담하되 가해자들을 한 명 한 명 따로 불러 이야기를 해본다.
물론 아이들은 상담과정에서 거짓말을 하기도 하고 죄를 덮기 위해 피해 어린이의 잘못을 부풀려 말하기도 한다. 그래서 항상 중립적인 입장에서 가해 어린이들의 의견을 종합해서 공통된 이야기들만 추려서 적어본다. 이때 가해 어린이들을 한꺼번에 모아놓고 상담해서는 안 되며, 먼저 상담이 끝난 어린이들은 모든 상담이 끝날 동안 다른 아이들과 대화하지 않도록 해야 한다.

상당수의 피해 어린이들이 사실은 과거에 가해자였음이 밝혀지는 것은 그리 놀라운 일이 아니다. 지금 현재 가해 아이들은 1학년 때부터 지속해서 피해 어린이와 같은 반이 되거나 아니면 같은 반이었던 인연으로 계속해서 괴롭힘을 당해왔다. 피해 어린이들이 가한 괴롭힘의 종류는 다음과 같다.

❶ 선생님이 교실에 계실 때는 예쁘게 행동하며 친구에게 사랑스럽게 말을 건넨다. 그러나 선생님이 안 계시면 돌변한다.

❷ 선생님과 아이들이 다 보는 앞에서 나의 잘못을 큰 소리로 말한다. 이때 고자질을 당한 아이들은 상당한 괴로움을 느낀다. 어른들이 상상하는 이상의 쇼크다. 비록 잘못을 저질러 고자질 당한 입장이지만, 인간이기에 이 아이들에게도 인권이 있는데 상대방 친구가 내 잘못을 들춰냈을 때 받는 모멸감은 이루 말할 수가 없다.

❸ 모든 모둠 활동이나 게임 활동을 혼자 다 하려고 하고 다른 아이들이 같이 하자고 하면 원색적인 욕설을 퍼붓는다. 그러나 절대 이런 모습을 선생님에게는 들키지 않는다.

❹ 내가 상을 받거나 칭찬을 받으면 바로 욕설을 퍼부으며 비난을 한다.

이런 일들을 3~4년 겪고 나면 아이들은 더는 참지 못하는 상태가 되고 만다. 그리고 고학년이 되면 드디어 피해 어린이에게 당했던 아이들이 똘똘 뭉쳐 아예 피해 어린이가 그 누구도 사귀지 못하도록 본인들의 착한 성품과 넓은 인맥을 활용해서 모든 인간관계를 맺을 수 있는 통로를 철저하게 차단해 버리는 것이다. 심지어 다른 반까지 발을 뻗어 피해 어린이가 다른 반 친구조차 만나지 못하도록 한다. 그 배경에는 인터넷과 핸드폰 문자

등 다양한 방법이 총동원되며, 심지어 과거에 자신들이 당했던 것과 같은 방법으로 발신번호표시를 하지 않고 악랄한 문자를 보내는 등 정신적으로 큰 충격을 주는 요법을 사용하기도 한다. 핸드폰 같은 경우는 통신업체에 의뢰해서 원래 문자를 보낸 범인을 잡을 수 있지만, 그마저도 피하기 위해 영 모르는 전혀 다른 사람의 핸드폰으로 문자를 보내기도 한다.

가해자가 피해자가 되고 피해자들이 뭉쳐서 가해자가 되는 것이 바로 초등 왕따 사건 속에 숨겨진 진실이다. 결국은 둘 다 똑같은 아이들이라는 것이다.

가해자들은 상담하는 과정에서 다들 참았던 눈물을 쏟아낸다.

"일 년 전 수련회 때 같은 방을 쓰는데 저에게 밤새도록 참을 수 없는 욕설을 퍼부었어요."

"원래 우리 6명끼리 친했는데, 어느 날 갑자기 그 사이를 끼어들어서 우리에게 명령을 내리고 말을 듣지 않으면 욕을 했어요. 심지어 우리 엄마에 대해 욕을 했어요. 애를 이따위로 키웠다고요. 반년 이상을 참았지만 이제 더는 용서할 수가 없어요. 그 애랑 조금이라도 친한 아이들은 다 제 친구로 만들고 그 애랑 못 놀게 할 거예요."

"체육 시간에 저보고 공을 잘 못 던진다고 미친*이래요."

"영어 시간에 모둠 짱을 뽑는데 제가 하려고 했어요. 그런데 너 같은 건 영어도 못하면서 설친다고 화를 냈어요. 절대 용서 못 해요."

가해 아이들은 피해 아이에게서 받은 상처가 나름대로 매우 깊다. 그런데 참고 또 참고 하는 과정이 대부분 짧으면 6개월, 길면 1년 이상 반복된다. 그러나 아이들이 참는 데는 한계가 있다. 그리고 고학년이 되면 벌써 피해 아이에게 상처받은 아이들은 그 수가 점점 늘어나게 되고, 함께 뭉치면 큰 힘을 발휘하게 되는 것이다.

요즘 모범생처럼 괜찮은 아이들이 왕따의 주범인 경우가 많은 것은 바로 이 때문이다. 이럴 때 가해자와 피해자 양쪽 다 사람을 사귀고 사람의 마음을 얻는 방법을 모르는 아이들인 경우가 많다.

어릴 때부터 인성을 키워가기 전에 공부, 공부하며 자라온 아이들이 상대방을 배려하고 이해하며 자랄 수 있었겠는가. 정서교육을 외면한 부모는 아이의 성장 과정에서 발생하는 이와 같은 문제들로 인해 상처받게 되어있다. 사람의 마음을 얻고 사랑을 나눌 수 있는 아이들로 자랄 수 있도록 정서교육에 조금만 더 시간을 할애하자.

가해자와 피해자들은 서로의 관계 속에서 이미 많은 상처를 입었다. 어른들은 도저히 회복될 수 없을 거라고 생각하는 이 아이들의 관계도 다음과 같은 방법을 통해 개선할 수 있다.

우리가 기억해야 할 것은 왕따 사건의 해결은 아무 일도 없었다는 듯이 다시 친하게 지내게 하는 관계 개선이 아니라, 이 아이들이 커서 사회에 나갔을 때 다시는 이와 같은 일을 반복하지 않도록 대인관계를 맺는 기술을 가르쳐주고 그동안 상처받았던 감정의 응어리들을 풀어내게 하는 것에 목적이 있다는 것이다. 가시적으로 서로 친하게 지내게 할 수는 있지만, 마음 속에 꾹꾹 담아두었던 아픔을 풀어낼 수는 없기 때문이다. '서로 친하게 지내자.' 하고 말로만 화해하는 것은 아이들의 근본적인 문제를 해결해주지 못한다.

그동안 상대방이 기분 나쁘게 해도 말을 하지 못하고 마음에 담아두기만 했거나, 상대방이 욕을 하면 본인도 따라서 욕을 하며 맞받아쳐 왔던 가해자들에게는 감정표현을 하는 연습을 시켜야 한다. 이를 위해 나는 주로 아이들과 즉석 역할극을 한다. 악역을 주로 맡아 하는 사람은 교사인 나다.

"야, 너 영어도 못하면서 도움 짱이 되겠다고? 웃기고 있네."

"○○야, 그 말 정말 기분 나빠. 나는 지금 영어를 잘 못하지만, 모둠 짱을 하면서 노력할 생각이야. 앞으로는 남을 비난하는 말은 하지 않았으면 좋겠어."

이처럼 감정을 폭발하게 하는 발언이 아니라, 차분하고 이성적이고 논리적으로 또박또박 나의 생각을 전달하는 연습을 시킨다. 아이들은 처음에는 과거의 기억이 떠올라 힘들어하지만, 차츰 자기 감정을 조절하는 연습을 하게 되고, 자기표현을 야무지게 하는 법을 배우게 된다. 내 의사를 표현하는 연습은 폭력과 욕설을 사용하지 않고도 상대방에게 내 생각과 감정을 효과적으로 전달하는 데 도움이 되며, 자신감을 갖게 하는 데에도 도움이 된다.

그리고 또한 내가 지금 극도로 미워해서 괴롭히고 있는 그 아이에게 당했던 감정의 앙금들을 풀어내는 연습을 해야 한다. 가장 효과적인 방법은 '공감해주기'다. 처음에는 아이들이 쉽게 이야기를 하지 못한다. 그러나 차츰 안정적인 분위기 속에서 이야기를 들어주다 보면 조금씩 입을 열게 되어 있다.

"정말 마음이 아팠겠구나."

"네 마음속에 상처가 쌓여서 터지기 일보 직전이겠구나."

공감해주는 말 한마디에 아이들은 참았던 눈물을 쏟아낸다. 그러나 공감 이후 그 아이와의 관계개선을 위해 적극 도움을 주는 어른이 있다는 것을 알리고, 그 아이가 삶의 태도를 바꾼다면 친구로서 다시 한 번 다가갈 수 있게끔 노력할 것에 대해 약속을 받아내는 것까지가 상담과정이다. 아이들은 대부분 공감하기 과정을 통해 마음의 앙금을 걷어내고 그동안 나를 괴롭혀오다가 다시 대다수 아이에게 외면을 받고 있는 상대방 아이에 대한 측은지심도 함께 느끼게 된다.

이제 마지막으로 피해를 당한 아이에 대한 상담이다. 아이는 참 놀랍게도 그동안 내가 무엇을 잘못해서 친구들이 나를 외면하는지에 대해 전혀 모르고 있다. 당하는 아이들은 그 아이에게 말을 안 해 주거나 아니면 지지 않고 욕설을 하며 응수를 해왔기 때문에, 정작 잘못된 점에 대해 말해주는 친구는 아무도 없었던 것이다. 다시 친구를 만들기 위해서는 너의 이러이러한 점에 대해 다시 한 번 깊이 생각해보아야 함을 말해준다. 그리고 잘 고쳐진다면 선생님이 칭찬을 아끼지 않으리라는 것도 말해준다. 뜻밖에 아이들은 자신의 잘못에 대해 말해주면 깜짝 놀라며 자신의 그러한 면들이 남의 기분을 나쁘게 했을 거라는 것을 뒤늦게 깨닫는 경향이 있다.

모든 상담이 종료되면 가해자와 피해자를 한데 모아 서로 화해하고 앞으로 새로운 출발을 다짐하는 악수나 가벼운 포옹을 하게 한다. 처음에는 서로 어색해하지만 이런 과정이 있어야 그나마 남아있는 어색함과 앙금도 풀어낼 수 있다.

이 방법을 통해 가정에서 자녀와 대화를 나누어보고 효과를 보신 분들이 있다. 대부분 나에게 감사 문자를 보내며 이제 아이가 강하게 그리고 따뜻한 인성을 가지고 자라는 방법을 알았다는 말씀을 해주실 때 큰 보람을 느낀다. 순수하고 맑은 우리 아이들에게 이와 같은 방법을 알려주지도 않고 아이들을 일진이니 죄인이니 취급하는 어른들을 보라. 부끄럽지 않은가? 마음을 다해 아이의 문제를 해결하기 위해 노력하자!

교직 생활 14년 차.

요즘 아이들은 진정한 내 사람으로 만드는 대인관계 기술에서 참 힘들어하며, 해가 갈수록 그 정도가 심해짐을 느낀다.

남을 비난하는 것은 쉽게 하고 남에게 상처받는 것은 절대로 용서하지 않는다.

이는 태어날 때부터 영어, 수학, 교구, 책을 고민하면서 내 아이가 다른 사람들에게 인정받고 사랑받는 방법은 고민하지 않는 바로 우리 어른 탓이 아닐까 생각해 본다.

혹은 내 아이가 남을 괴롭히거나 상처를 입혀도 그럴 수도 있겠거니 넘겨온 바로 우리의 잘못이 크기 때문은 아닌가 생각해 본다.

고학년이 되면 참았던 아이들의 발언권이 세진다. 그 아이들은 다시 아이들 사이에 미치는 본인들의 영향력을 등에 업고 가해자가 되기도 한다.

어느 한쪽이 일방적으로 당하는 왕따 사건은 사실 초등학교 현장에서는 찾아보기 어렵다. 먹고 먹히는 먹이사슬처럼 당하고 또 공격하는 인간관계의 고리는 상처받은 마음을 공감해서 치료해주고 나의 감정을 정확하게 표현하는 연습을 하는 것으로 끊어낼 수 있다.

바로 지금 내 아이가 어떤 친구를 만나고 있는지, 그리고 내 아이는 그 친구를 어떻게 대하고 있는지, 다시 한 번 돌아보아야 할 것이다.

다음과 같은 아이들은 왕따 사건의 가해자나 피해자가 된다. 잘 숙지해서 아이들 교육에 참고하시기 바란다.

❶ 남을 배려하는 마음이 없는 아이들

콩 한쪽이라도 나누어 먹는 것이 우정이듯 아이들은 공부할 때도 체육을 할 때도 공평하게 역할분담을 하는 것을 좋아한다. 따라서 혼자만 다 하려고 하고 남을 배려하지 않는 아이들은 미움의 대상이 된다.

❷ 욕을 많이 쓰는 아이들

혹시 우리 아이가 욕을 자주 써도 '요즘 아이들이 다 그렇지 뭐.' 하고 넘기시지는 않는지……. 상습적으로 욕을 사용하는 아이들은 대부분 다른 아이들이 마음속으로 싫어하는 아이가 된다.

❸ 군림하려는 아이들

집에서 온갖 짜증을 다 부려도 오냐오냐 다 받아주고 키우면 학교에서도 아이들 사이에서 군림하려 한다. 군림하는 아이들을 참고 넘기는 요즘 아이는 없다.

❹ 선생님께 고자질하는 아이들

부모님은 친구가 괴롭혔다고 일러도 반응을 보이지 않는 대다수 선생님에게 불만이 많지 않은지? 선생님들은 아이들이 공개적으로 이르는 경우 대부분 무반응을 보인다. 반응을 보이면 이르는 아이가 더 미움을 받기 때문이다. 아이들은 대부분 고자질하는 아이를 정말 많이 싫어한다. 나를 괴롭히는 아이는 일기장에 몰래 적거나 아이들이 다 하교한 후 선생님께 이야기하라고 하는 것이 좋다.

❺ 남의 일거수일투족에 흠을 잡는 아이들

자신은 잘 못하면서 남을 흠잡는 아이들은 미움의 대상이 된다. 이는 가정에서 부모님이 아이들의 일거수일투족을 흠잡는 버릇을 그대로 배운 경우가 많다. 그러므로 내 아이에게 칭찬을 많이 해주는 부모의 습관 또한 아이의 학교생활에 큰 영향을 미친다는 것을 잊지 말아야 할 것이다.

학교에서 근무하다 보면 유달리 폭력적인 아이들이 있다. 공부를 잘하고 못하고와는 관계없이 폭력적인 아이가 단 한 명만 있어도 그 반은 일 년 동안 난항을 겪게 된다.

폭력적인 아이들은 일종의 사회성 결여상태다.

다른 친구와 사귀는 방법을 모르기 때문에 화가 나면 말로 풀어보려는 노력을 하지 않고 바로 폭력을 행사한다. 또한, 극도로 이기적이기 때문에 내가 저지른 폭력에 대하여 누군가가 대가를 치르게 했다면 반드시 보복하는 특징을 가지고 있기도 하다. 또 그 폭력을 교묘하게 정당화시키는 것도 잘한다. 상대방의 모습이나 행동이 웃기기 때문에 맞아도 된다는 식의 이상한 논리가 가해자에게는 매우 적절한 이유가 되기도 하는 것이다.

아이를 낳고 아이들을 학교에 보내 보니 이러한 성향이 있는 아이들이 더 진지하게 다가온다. 내 아이들이 학교에 가서 운이 좋지 않으면 꼭 만나게 되는 유형의 아이들이기 때문이다. 그리고 운이 좋지 않아 만났다는 그 폭력적인 아이들도 사실은 다 같이 소중한 자식 같은 아이들이기 때문이다.

대부분의 부모님은 내 아이가 가해자라는 생각을 하지 않는다. 이렇게 예쁘고 귀한 내 아이가 가해자라니! 생각조차도 힘든 일이다. 또한, 가해자인 아이들이 공부도 잘하고 똑똑하며 집에서는 엄마 사랑을 독차지하고 있는 효자라면 더더욱 그런 생각은 할 수가 없게 된다. 또 부모가 다른 부모와 교류가 전혀 없어 아이가 학교에서 어떻게 생활하고 있는지에 대하여 전해들을 수 없다면 문제는 더더욱 커진다.

이 상황에서 불시에 담임선생님에게서 전화가 걸려와, "아이가 다른 친구들을 너무 많이 괴롭히고 있습니다. 지도 좀 부탁합니다."라고 한다면 과연 그때의 기분은 어떨까?

먼저 가슴 한군데가 텅 빈 듯한 충격에 사로잡힐지도 모르겠다. 그리고 그다음은 별별 생각이 꼬리에 꼬리를 물고 이어질 것이다. 그러나 인간은 철저하게 자기 위주이기 때문에 담임선생님의 전화를 다르게 받아들이기도 하고 내 아이가 설마 그 정도까지 다른 아이에게 피해를 줄까 싶어 고개를 가로저으며 애써 부인할지도 모르겠다. 나중에는 담임선생님에게 늘 지적받고 미움받을 내 자식을 생각하니 가슴이 미어지고 아플 것이다. 사실 담임선생님이 전화까지 했다는 것은 정말 그 아이를 꼭 부모님이 구제

해주기를 바라는 마음에서인데 말이다. 많은 선생님이 진지한 담임의 조언을 곡해하고 받아들여 주지 않는 학부모님으로 인해 상처를 받았음을 고백한다. 그것은 나도 마찬가지이다.

경험에 의하면 이렇게 전화를 드렸을 때 많은 부모님은 아이의 문제를 해결해주지 않았다. 지금 내 아이 한 명 때문에 다른 모든 아이가 엄청난 상처와 아픔을 겪고 있는데, 가해자의 부모님은 내 아이가 꾸중 듣는 것 때문에 상처받을 것을 우려하여 문제를 해결하려고 시도조차 하지 않는 것이다. 하지만 이렇게 되면 다음과 같은 문제가 발생하게 된다.

가정에서 해결하지 못하면 다른 누군가가 해결해야 하고 결국 아이는 더 큰 상처를 받게 된다

학급에서 다른 아이들을 괴롭히고 폭력을 행사하는 아이를 부모가 지도해주지 못한다면 결국 담임선생님이 중재에 나설 수밖에 없게 된다. 담임선생님이 해결하게 되면 반성문을 쓰거나 벌 청소를 하거나 다른 아이들 앞에서 앞으로 다른 친구를 괴롭히지 않겠다는 다짐을 하게 될 수도 있다. 집에서 간단한 지도만으로 해결될 수 있는 문제를 제삼자의 손에 맡겨, 더 큰 상처를 아이에게 주는 셈이 된다. 하지만 이와 같은 지도 과정이 없으면 다른 아이들은 더 많은 상처를 받게 되니 지도를 안 할 수는 없다.

정말 내 아이가 이렇게 지도받는 것을 원하는가? 그렇지 않다면 부모는 어떻게 해야 할까?

정확한 상황을 파악한 후 해결방법을 모색해야 한다

내 아이가 다른 아이들에게 폭력을 가하고 있는 상황이 파악되었다면 과연 어떤 방법으로 어떻게 생활해왔는지 정확하게 먼저 알아야 한다. 다른 엄마들이나 반 친구들 입에서 전해들은 주관적인 정보가 아닌, 담임선생님에게 직접 확인하는 방법이 가장 빠르고 좋은 길이다. 그리고 아이의 문제 때문에 상처받을 수 있음을 고려하고 열린 마음으로 선생님의 이야기를 귀담아 들어야 한다. 그것이 사건을 해결할 수 있는 가장 빠른 길이다.

대체로 폭력적인 성향의 아이들은 성장 과정에서 문제에 노출된 경향이 있다. 어린 시절 부모와 함께 유의미한 시간을 많이 보내지 못했다던가(맞벌이든 아니든 상관없이), 불안정한 가정환경에서 성장했다던가, TV나 게임에 많이 노출되었다던가, 혹은 권위적인 부모 밑에서 성장했다던가 하는 원인이 있다. 아마 이것은 부모 스스로 잘 알고 있는 부분일 것이다. 아이를 위해서 근본적으로 문제를 해결하려는 자세를 갖추지 않고 계속 내 아이의 문제를 다른 사람들 탓(선생님이 부주의했다, 할아버지 할머니가 아이를 너무 오냐오냐 키웠다, 상대방 아이가 먼저 잘못한 것이다. 등등)으로 돌리면 문제 해결을 외면해버리는 결과를 가져오게 된다.

문제의 원인이 밝혀졌다면 아이와 더불어 진지하게 대화하는 시간을 가져야 한다. 저학년이라면 다시는 그와 같은 행동을 하지 못하도록 엄격하게 지도한 후 대화로 풀어나가는 방법이 효과적이며, 고학년이라면 전문적인 치료 과정과 더불어 그동안 아이가 상처받았던 마음을 보듬어주는 대화의 시간을 많이 가지는 것이 효과적이다.

폭력성을 극복한다는 것은 사회성을 진지하게 회복하는 의미를 지닌다.

사회성을 가르쳐주고 알려줄 수 있는 사람은 부모가 유일하다.

지도 후 상황을 꾸준히 파악해야 한다

대부분 폭력적인 아이들이 성향을 바꾸지 못하는 이유 중 하나는 부모의 지도가 일회성에 그치기 때문이다. 선생님과 면담하고 아이와 대화의 시간을 가졌다 하더라도, 이후에도 죽 선생님과 연락을 주고받으며 아이가 다시 그와 같은 행동을 하지 않는지 지켜봐주는 자세가 필요하다. 이와 같은 지도는 내 아이의 행복을 위해 반드시 해야 한다.

이렇게 지도해주지 않으면 내 아이는 학년이 올라갈수록 점점 영향력이 커지게 되는 착하고 모범적인 다른 아이들로부터 오히려 역으로 공격당할 수 있고, 심지어 나중에는 왕따가 될 수도 있다. 심지어 아이의 폭력성이 엄마들 입에 오르내리게 되면 내 아이는 같은 학교 내에서 누구에게도 보호받기가 어려워진다. 처음에는 자존심이 무너지는 것 같고 그저 감싸주고만 싶겠지만, 더 먼 미래의 내 아이를 위해 아이의 폭력성은 반드시 고쳐주어야 한다.

공부보다 아이의 상처받은 마음을 치료해주는 것이 우선이다

폭력성은 극도의 스트레스 속에서 더욱 커진다. 아이가 늘 스트레스 상태에 놓여있다면 아무리 적절한 치료과정이 뒤따른다 하더라도 근본적인 문제는 해결되지 않는다. 아이와 함께하는 시간을 많이 가지되 아이가 주인공이 되는 시간을 가져야 한다. 아이와 함께 여행을 간다 하더라도 어른들끼리 어울리며 아이들을 방치시키는 과정이 아닌, 정말 내 아이가 주인공이 되는 시간으로 꾸려주는 것이 좋다. 좀 귀찮고 힘들더라도 아이와 축구도 같이 하고, 물놀이도 같이 하고, 줄넘기도 같이 넘고, 책도 같이 읽는 과정을 통해 아이들은 구멍 난 마음을 조금씩 메워갈 수 있다.

잊지 말자! 지금 아이의 정서를 보듬어주지 않으면 자랄수록 점점 더 어려워진다. 마음이 사랑으로 가득찬 아이들은 절대 다른 아이들을 공격하지 않는다.

PART 1에서는 요즘 가장 이슈가 되고 있는 학교폭력과 왕따에 관련한 가장 예민한 문제들에 대하여 먼저 살펴보았다.

학교폭력 문제는 학교와 가정의 원활한 의사소통과 부모의 열린 마음이 해결의 열쇠다. 내 아이가 가해자일 때 '내 아이가 그럴 리 없다.'는 마음으로 덮어버려서는 안 되며, 내 아이기 피해자라면 사건의 원인을 객관적으로 바라보며 아이의 상처받은 마음을 어루만져주고 다른 한편으로는 문제의 원인을 정확하게 규명하여 근본적인 폭력의 요인들을 제거해주는 노력이 필요하다.

이제 보다 구체적으로 우리 부모 세대와는 다른 요즘 초등학생들의 속마음을 들여다보도록 하자. 아이의 속마음을 바르게 이해하는 것이 올바른 자녀교육의 첫걸음이 될 것이다.

커플이 되고 싶은 아이들의 심리

"선생님, 미연이랑 현수랑 사귄대요."

"선생님 그거 아세요? 미연이랑 현수랑 서로 좋아하는 사이래요."

아이들은 무슨 큰 비밀을 특종 보도하는 것처럼 너나 할 것 없이 일러대기에 바쁘다. 숨을 헐떡거리며 뛰어오는 모습이 마치 '선생님은 모르고 계시죠? 큰 비밀 하나 알려 드릴게요.' 하는 그런 표정이다. 얼굴은 잔뜩 상기되어 있고 다들 서로 말하려고 나서는 모양이 정작 본인들은 부러워 죽겠다는 표정이다. 주변 아이들의 이러한 성화에도 커플 보도 사건 당사자들은 그저 웃기만 할 뿐이다.

요즘 아이들은 5학년쯤 되면 좋아하는 아이가 있다는 고백을 서슴지 않고 한다. 물론 그전부터 이성 친구를 좋아하는 아이들은 당연히 존재했다. 하지만 아직 부끄러움을 느끼는 단계에서 벗어나지 못하였기에 마음속으로 꼭꼭 숨겨놓고 있었을 뿐이다. 그러나 동성 친구 관계가 좀 더 돈독해지는 고학년이 되면 아이들은 이성 친구에게 고백하는 데 보다 과감해진다.

아이들끼리 희희낙락하는 모습이 귀여워 가끔 물어본다.

"얘들아, 서로 좋아하는 게 뭔데? 선생님에게 설명해 줄래?"

"쌤은 결혼하셨으면서 그것도 몰라요? 히히."

"서로 좋아한다는 건, 느낌이 통하는 거예요."

"서로 좋아한다는 건 그냥 보고만 있어도 좋은 거예요."

"좋아하는 건요, 나중에 꼭 그 사람이랑 결혼해야 하는 거예요."

"으하하하. 그런 게 어디 있어."

아이들은 역시 아이들이다. 아이들은 십중팔구 남녀가 서로 좋아한다는 건 그냥 보고만 있어도 좋은 느낌이라고 대답한다. 어른들이 생각하는 심각한 사이는 아니다. 이렇게 마냥 좋아서 웃고 떠드는 아이들을 보면 참 순수하고 맑은 느낌이 든다. 그러나 사귀고 있는 당사자들이 흉내 내는 어른스러운 몸짓은 부모님에게는 큰 걱정거리가 될 수도 있다.

학부모님 중에는 어느 날 갑자기 얼굴에 물만 묻히고 헐레벌떡 뛰어나가던 아들이 일찍 일어나 깨끗한 옷으로 차려입고 거울 앞에서 정성스럽게 머리를 빗고 나가는 모습을 보면서 심한 배신감을 느꼈다는 분도 있다. 엄마 아빠가 말을 걸어주기만 기다리던 딸이 핸드폰을 붙들고 문자 삼매경에 빠져서는 뭐가 그리 좋은지 얼굴이 발그레해져서 깔깔거리는 모습에 상처받았다는 아버님도 있다.

하지만 어른에게는 걱정스러운 일일지라도 당사자에게는 반드시 거쳐야 할, 어찌 보면 인생의 과정을 다른 아이들보다 빨리 겪고 있는 것뿐이다. 또한, 매체와 인터넷이 발달한 요즘 시대에 연애는 아이들이 한 번쯤 도전해 보고 싶은 과제일지도 모른다. 상업화되어 팔리고 있는 사랑 이야 기들이 넘치고 넘치니까 말이다. 심지어 아이들이 즐기는 게임과 애니메 이션에서조차 사랑 이야기는 빠지지 않는 감초 같은 존재가 되어 버렸다.

아이들이 커플이 되는 과정

아이들이 커플이 되는 과정은 이렇다. 한 사람이 먼저 고백을 하고 고백 을 받은 당사자 역시 상대방이 마음에 든다고 하면 공식 커플이 된다.

공식 커플은 커플을 부러워하는 주변 인물들에 의해 더욱 돈독한 사이 가 된다. 토요일엔 가끔 약속을 잡아 노래방을 방문하기도 한다. 둘이서만 가기 무엇하니 친구들도 다 같이 몰려간다. 아이들이 친교의 장소로 가장 많이 선택하는 장소는 노래방, 분식점, PC방, 대형 쇼핑센터 등이다. 쇼핑 센터에 함께 갈 때는 자그마한 커플 반지를 구매해 서로 교환하기도 한다. 아이들에게도 반지는 중요한 의미가 있다. 어른의 눈으로 보면 커플이라 기보다는 특별히 더 친한 남자 친구와 여자 친구로 비칠지도 모르겠다.

재미있는 것은 커플의 부모님도 서로 잘 아는 사이가 된다는 것이다. 부 모님 중에는 상대방이 마음이 들지 않을 때 정말 심각하게 내 아이의 남자 친구 혹은 여자 친구를 허락할 것인가 말 것인가에 대해 고민하는 분도 있 다. 하지만 아이들은 심각하게 고민하지 않는다. 커플이 된다는 것은 내 옆에 나를 편들어줄 든든한 친구가 생겼다는 의미이기 때문이다.

커플 1호가 된 미연이랑 현수는 방과 후에 서로 헤어지기가 무섭게 핸드 폰을 든다.

“현수야, 있잖아. 아까 누가 나 괴롭혔어.”

미연이가 문자를 보내면 바로 답장이 온다.

“누가 우리 미연이를 괴롭혔어? 말만 해. 내가 가서 혼내 줄 테니까.”

“괜찮아. 말만 들어도 힘이 나. 우리 현수 최고!”

이렇게 편들어주는 것이다. 하루에 평균 20개 이상의 문자는 기본으로 주고받아야 커플이라고 할 수 있단다. 어른이라면 서로가 주고받은 문자는 누구에게도 알리지 않는 비밀이 되겠지만, 아이들은 주고받은 문자조차 비밀로 삼지 않는다. 자랑하고 싶어서 참을 수가 없기 때문이다. 남자아이는 또래 남자아이들에게, 여자아이는 또래 여자아이들에게 주고받은 문자를 보여주며 서로의 애정을 과시한다. 아이들은 질투가 나서 죽을 지경이지만, 한편으로 이런 문자들은 아이들에게 새로운 희망의 싹이자 무미건조한 학교생활을 밝혀주는 활력소이다.

동성 친구끼리도 잘 안 해주는 서로 챙겨주기는 또래 친구들의 많은 부러움을 사기도 한다. 초딩이라 불리는 요즘 아이들에게 커플은 서로 싸우고 마음 상해서 뒤돌아서는 어른들의 아픈 모습보다는, 행복하고 또 행복한 모습만 복사해 놓은 것과 같다.

이렇게 예쁘게 이성 친구 관계를 만들어내고 있는 우리 아이들을 너무 나쁜 시선으로만 보지 말자. 아이들은 아직 어른들이 생각하는 것처럼 그렇게 세상에 물들어 있지 않다. 자세히 보면 순수하고 맑은 아이들이다.

아이들을 나쁘게 물들이는 것에는 대부분 어른이 개입된 경우가 많다. 아이들끼리 성인으로 성장하는 과정에서 겪는 사랑과 헤어짐의 아픔은 일종의 성장통 같은 것이다.

 그러니 따뜻한 마음으로 지켜봐 주자. 어른들이 지지해 주고 지켜봐 주는 커플이 엇나가는 경우는 거의 없다. 아이들은 동성 친구가 아닌 이성 친구를 좋은 감정으로 교제하는 경험을 통해 또 한 번 부쩍 자라게 되는 것이다. 몸이 자라는 것만큼 마음이 자라는 것 또한 소중한 경험이 될 수 있다.

❶ 아이들의 교재를 축하해주고 공개적으로 만날 수 있도록 해주자

아이들이 예쁜 만남을 가질 수 있도록 축하해주자. 굳이 커플이라는 것을 부각하기보다는 우정을 나눌 든든한 친구를 만들었다고 생각하도록 격려해주는 것이 좋다. 아이들이 약속 장소를 정할 때는 부모님이 계신 서로의 집이나 학교에서 공개적으로 만나도록 하고, 의미 없이 함께 놀기보다는 공부나 체험활동을 같이 할 수 있도록 해주자.

❷ 이성 친구에게 주고 싶은 선물을 함께 골라주자

친구의 생일이나 기념일에 아이들은 선물과 편지를 주고받고 싶어한다. 이때 친구에게 줄 선물을 함께 골라주자. 부모님이 서로의 관계를 인정해주고 관심을 둘 때 아이들은 더욱 행동을 조심하고, 예쁘게 만나기 위해 노력하게 된다. 또 적당한 선물을 골라줌으로써 과하지 않게 자제하고 절제하는 방법을 배우게 된다. 또한, 마음을 담은 편지를 쓰는 과정을 통해 상대방을 설득하고 감동하게 하는 방법을 배울 수 있다.

❸ 학급에서 동성 친구들에게 고립되지 않도록 관심을 기울이자

이성 친구와 함께 놀다가 동성 친구들에게 소홀해지면 차츰 동성 친구들과 어울리지 않게 되어 학급에서 아이의 위치가 애매해질 수 있다. 동성 친구들과도 꾸준히 어울릴 수 있도록 기회를 만들어주는 것이 좋다. 예를 들어 생일잔치를 다 같이 모여 함께한다든지, 부모님이 계신 집에 놀러와 다같이 기말고사 준비를 함께한다든지, 요리 교실을 연다든지 하는 방법을 통해 항상 동성 친구들과도 어울릴 수 있도록 관심을 기울여주자.

“선생님, 민주랑 희영이랑 또 같이 화장실 가요.”

“화장실도 같이 가니? 왜 그러냐, 도대체.”

“선생님, 여자아이들이 또 쉬는 시간에 화장실에 모여 있어요.”

“으악! 더럽지도 않니? 냄새 안 나?”

학교에 있으면 화장실에 모여 회합을 하는 여자아이들에 대한 남자아이들의 고자질을 흔히 접할 수 있다.

고학년 여자아이들에게 화장실은 마음에 들지 않는 친구를 험담하는 장소이자, 선생님께 꾸중 들은 속상한 마음을 성토하는 장소이며, 학교에서 재미있었던 일을 끄집어내어 희희낙락하는 장소이기도 하다. 혼자 있을 때는 수줍음 많고 조용한 아이들이 또래 친구들과 이야기를 나눌 때면 도전적이고 강한 모습으로 변한다. 여자아이들은 왜 여럿이 모여 있을 때, 혼자일 때와 전혀 다른 모습이 되는 것일까?

남자아이들과는 다른 여자아이들의 특징

과거에는 남녀의 차를 이야기할 때 남자가 더 우월하다, 혹은 여자가 더 우월하다와 같은 표현을 사용했다. 그러나 요즘은 남녀가 차이가 있다, 혹은 서로 다르다와 같은 표현을 보편적으로 사용한다. 뇌를 연구하는 학자들이 남녀의 뇌는 생김새와 발달과정이 다름을 과학적으로 인정하였듯이, 학교에서도 남자아이들과 여자아이들은 그 행동 양식이 확연한 차이를 보인다. 공간감각과 수리능력이 뛰어난 쪽이 남자아이들이라면, 협동하고 언어로 표현하는 활동에 흥미를 자주 보이는 쪽은 여자아이들이다.

여자아이들은 어릴 때부터 사회적이며 자신의 감정을 글이나 말, 어떤 방법으로든 표현하기 위해 애쓰는 모습을 자주 볼 수 있다. 이는 어느 한쪽이 더 우월한 것이 아닌 분명 다름으로 부모님도 인식해야 할 것이다. 물론 예외는 있다.

말로 표현하기를 좋아하고 대화를 나눔으로 스트레스를 풀고 행복해지는 여자아이들은 그래서 혼자 있기보다는 또래와 함께하기를 즐기고 또 그만큼 집착하게 된다. 이러한 현상은 4학년이 넘어가면서부터 뚜렷하게 나타난다. 또래에서 소외되었다는 것은 여자아이들에게는 심각한 문제로 받아들여진다.

사이좋은 친구 만들기는 좋지만, 군중심리는 조심해야 한다

가끔 선생님 중 여자아이들의 무리지음에 우려의 목소리를 내는 분들이 있다. 특히 학기 초부터 우르르 몰려다니는 아이들을 보면 일 년 동안 학급 경영이 평탄치 않겠다며 한숨을 내쉬기도 한다. 걱정하는 이유는 간단하다. 무리지어 몰려다니는 분위기가 되면 반드시 소외되는 아이들이 생기기 때문이다. 각자 개성과 생각이 다른 아이들임에도 리더인 한 아이를 중심으로 모이게 되면, 무리와 성향이 비슷하지 않은 아이들은 그 무리 속에 쉽게 낄 수가 없게 된다.

여자아이들은 누군가가 직접 나 자신을 공격하는 것보다 무리 속의 일원이 되지 못한다는 박탈감에 더 큰 상처를 받는다. 사이좋은 친구 만들기는 좋은 일이지만, 우르르 몰려다니며 리더의 생각과 의견에 일방적으로 동조하는 군중심리는 조심해야 한다. 언어로 표현하기를 좋아하는 여자아이들인 만큼, 학기 초 친구관계를 형성할 때 친구들에게 다정하게 대하되, 내 생각과 의견을 분명하게 표현하도록 연습시키는 것은 인간관계를 형성하는 초기 단계에서 매우 중요한 가르침이다.

여자아이들의 친구 만들기, 시기를 놓치지 마라

학기 초 친구가 일 년 간다. 학기 초에 아이 공부와 학원 문제 등으로 교우관계를 신경 쓰지 못하면, 아이는 어정쩡한 상태로 일 년을 보내게 된다. 대인관계를 중시하는 여자아이들은 학기 초가 되면 일 년 동안 자신과 함께 즐겁게 지낼 만한 친구를 물색하는 데 신경을 많이 쓴다. 토요일에는 친해진 친구와 만나 서로의 집에 놀러 가서 시간을 보낸다든지, 평일에도 집에 초대해 숙제를 같이한다든지 하는 친교의 과정을 통해 단짝을 만들어두면, 일 년 동안 나를 지지해주고 지원해줄 든든한 응원군이 생겨 학교생활을 즐겁게 해나갈 수 있게 된다. 모둠 활동이 많고 친구들과 어울릴 기회가 많은 초등학교 교육과정의 특성상 마음에 맞는 친구가 학급에 있다는 것은 그 무엇과도 바꾸기 어려울 만큼 큰 힘이 되어 준다.

친구 만들기는 3월이 가장 중요하다. 직장맘일 때는 엄마가 있는 토요일에 아이의 친구들이 집에 와서 다양하게 놀 수 있는 분위기를 만들어주자. 친구들과 함께 김밥 만들어 보기, 집 근처 맛집에서 점심 먹고 집에서 함께 숙제하기, 각자 재미있는 책 가져와서 거실에서 간식 먹으며 책 보기, 꾸미기, 그리기 등 친구들과 할 수 있는 일은 무궁무진하다. 다만 같이 게임을 하거나 같이 TV를 보는 활동은 피하자. 그것은 친구와 노는 것이 아니라 함께 모여서 혼자 노는 일이나 마찬가지이기 때문이다. 여자아이들에게 친구관계는 학교생활의 핵심이다.

내 아이가 소외되고 있다면 원인부터 찾아라

가끔 학교를 찾아오거나 아이와 과거에 친했던 친구를 찾아가 왜 내 아이를 따돌리느냐며 친구를 나무라는 부모님을 만나게 된다. 이 부모님의 심정은 충분히 공감이 가고도 남는다. 직접 찾아가 친구들에게 항의하는 부모님은 분노의 감정을 직접 표현한 경우이지만, 대부분 아이가 소외되었을 때는 제일 먼저 상대방 친구에 대한 원망의 감정을 먼저 갖게 될 것이다. 그러나 내 아이가 소외되고 있다면 제일 먼저 그 원인은 아이와 부모 자신에게서부터 찾아야 한다. 이 과정이 생략된 채 상대방만을 탓하면 문제는 해결될 수 없다.

아이가 무리에서 소외되었다면 가장 먼저 생각해볼 수 있는 원인은 아이의 강한 기질이다. 아이가 또래 친구들과 수평관계가 아닌 수직관계를 원하면 아이의 기질이 아무리 강할지라도 또래 친구들이 힘을 합쳐 따돌리게 되고 다시 끼어들 틈이 없다. 고학년으로 올라갈수록 아이들은 자아가 강해지므로 그동안 친구관계에서 군림해온 아이들의 의견을 무시하는 경향이 강하다. 따라서 저학년 때는 친구들 사이에서 큰소리를 내고 친구들 의견을 무시해왔던 아이들은 고학년이 되면 차츰 무리에서 소외될 수 있다.

다음으로 소외되는 이유 중 하나는 아이의 기질과 행동이 다른 아이들과 많은 차이가 있는 경우이다. 아이가 지나치게 책을 좋아한다든지, 보통 아이들이 평범하게 좋아하는 것들에 전혀 관심이 없다든지, 또래문화를 이해하지 못한다든지 하게 되면 공통분모가 없어서 아이들은 자연스럽게 그 아이에게서 멀어진다.

후자는 소외당하는 당사자도 소외 자체를 힘들어하지 않고 본인이 원하면 학교에서 모둠 활동이나 학습 활동에 무리 없이 참여하기 때문에 문제가 크게 드러나지는 않지만, 전자는 소외당하는 상처가 매우 크다.

실제 고학년을 담임했을 때의 일이다. 내가 맡은 학급에서는 여자아이들이 두 부류로 나누어져 있었다. 한 부류는 착하고 고만고만한 아이들이 쉬는 시간에 그야말로 소녀처럼 노는 부류였다. 공기놀이도 좋아하고 같이 책도 보고 TV 드라마 이야기를 하며 깔깔 웃는 아이들이라 그다지 걱정 없이 일 년을 보낼 수 있었다. 나머지 한 부류는 엄친딸 클럽이었다. 키 크고 공부 잘하고 외모도 준수한 아이들이 5~6명 정도 되었는데 이들은 대단한 프라이드로 함께 몰려다녔고 유행하는 춤도 잘 추고 노래도 잘 불러 학급에서 인기를 독차지했다. 그런데 그중 한 아이가 2학기부터 따돌림을 당하기 시작했다. 처음에는 따돌리는 아이들을 불러 나무랐다. 하지만 나중에 따돌림당하게 된 아이가 다른 아이들에게 명령조로 이야기하고 기분 나쁘게 말하고, 다른 아이들이 보는 앞에서 막말로 친구의 감정을 상하게 해왔다는 것을 알게 되었다.

그때야 여자아이들의 또래 관계를 더욱 깊이 이해할 수 있게 되었다. 어쩌면 한 학기 동안이나 나머지 아이들은 군림하는 아이의 상처 주는 말들을 참고 있었던 것이다. 결국, 따돌림당한 아이와 나머지 아이들을 모두 불러 서로 사과하게 하고 그동안 속상했던 이야기들을 모두 털어놓게 해서 마음의 앙금을 다 털어버리고 화해를 시켜주며 문제를 해결한 적이 있었다. 내 아이가 소외되고 있다면 반드시 그 문제의 원인부터 찾아야 한다. 무턱대고 상대방 아이를 헐뜯고 비난한다면 아이의 상처만 더 곪아 터질 뿐이다.

교직 14년 차.

아직도 나는 여자아이들의 친구관계를 지도하기가 어렵다. 쉽게 정의하기 어려운 복잡함이 존재하기 때문이다.

남자아이들의 다툼은 매우 단순해서 서로 으르렁거리면 붙잡아놓고 화해시키고 악수시키면 되는데, 여자아이들의 다툼은 본질적인 옛문제까지 들추어내어 서로 이해시켜야 할 때가 잦기 때문이다. 여자아이들은 그만큼 관계 지향적이며 남자아이들보다 섬세하다. 부모가 그 기질적 특성을 이해했을 때 비로소 아이들 사이의 관계에 대해 조언을 해줄 수 있게 된다. 혹시 아이가 상처받아 힘들어하고 있다면 원인을 찾아 꼭 제거해주자.

소프트 파와 와일드 파로 나누어지는 남자아이들의 세계

학기 초에 남자아이들의 엄마들을 상담할 때마다 엄마들의 고민이 두 가지로 나뉜다. 물론 두쪽 모두 얼굴에 수심이 가득하다.

소프트 파와 와일드 파 엄마들의 고민

"선생님, 우리 아이가 너무 얌전해서 걱정이에요. 아이들에게 치이는 것은 아닌지, 발표도 못 하고 웅크리고 있는 것은 아닌지, 친구들이랑 잘 어울릴 수는 있을지 고민스러워요."

일명 얌전하고 여성스러운 사내아이를 둔 엄마의 고민이다. 이 얌전한 아이를 간단히 소프트한 아이라고 해두자. 소프트한 남자아이들 엄마는 가슴에 응어리진 것이 많은지 눈물을 보이는 분들이 많다. 대한민국에서 사내로 태어났다면 아들답게 씩씩했으면 좋겠는데, 그렇게 행동하지 않는 아이가 마음 아프게 느껴지고 걱정이 되어서일 것이다. 그런 엄마들을 보면 아들과 똑같이 마음이 여린 분이구나 싶어 가슴이 뭉클해진다.

"어휴, 가끔 친구들이랑 욱하는 성질을 이기지 못하고 다투고 오는데 그럴 때마다 친구 엄마들에게 전화를 받아서 스트레스가 이만저만이 아니에요. 매번 그렇게 행동하지 말라고 타이르긴 하는데, 저도 스트레스 받지만 아이도 학교 생활하기 만만치 않을 것 같아 걱정스럽습니다. 선생님, 우리 아이 좀 잘 부탁드릴게요."

짐작했겠지만 이는 씩씩한 장난꾸러기 아들을 둔 엄마의 고민이다. 이 씩씩한 장난꾸러기를 와일드한 아이로 부르기로 하자. 와일드한 아들처럼 엄마 역시 씩씩할 것 같지만, 아들 때문에 얻은 마음의 상처가 깊은지 역시 함께 눈물을 글썽이는 분들이 많다.

그럼 양쪽 엄마들은 아이가 어떻게 자라기를 원하고 계실까? 엄마들의 이야기를 다시 한 번 들어보기로 하자. 먼저 소프트한 사내아이를 둔 엄마들의 소망이다.

"선생님, 저는 우리 아이가 밖에 나가서 좀 때리고 왔으면 좋겠어요. 다른 남자아이들처럼 운동장에 나가서 공도 뻥뻥 차고 밀고 밀치고 와일드하게 운동하고 들어오면 소원이 없을 것 같아요. 매일 여자아이처럼 책 읽고 그림 그리는 모습을 보면 속이 터질 것 같아요."

반대로 와일드한 아이를 둔 엄마들은 어떤 소망을 하고 계실까?

"매일 놀러다녀서 잡으러 다니기 바빠요. 진득하니 집에 좀 붙어 있으면 얼마나 좋을까요? 어떤 날은 학원도 빠진 채 축구시합을 하러 돌아다니기도 한다니까요. 선생님께서 전화하시면 혹시 학교에서 우리 아이가 또 무슨 일을 저지른 것은 아닌지 조마조마해요. 얌전하게 공부하고 목소리도 좀 조용조용하게 말하면 얼마나 좋을까요?”

만약 두 부류의 아이들 엄마가 바뀐다면 과연 아들의 모습에 만족할 수 있을까? 그것은 상상에 맡길 일이다.

서로 다른 남자 아이들의 기질

초등학생들, 즉 8세~13세의 아이들은 신체적으로뿐만 아니라 정서적으로도 성장 발달하고 있는 시기이기 때문에, 어른이 완벽하게 만족할 만한 성품을 지니지 못한 상태이다. 그러나 엄마들은 내 아이에게 성인 기준의 잣대를 들이대며 기준에 들어맞는 아이가 되라고 채찍질하고 있는 것이다. 성인도 완전한 인품을 갖추기가 어려운데 아이들은 더 말할 필요도 없다. 이제 그냥 내 아들의 기질을 이해하고, 있는 그대로의 모습으로 바라봐주는 용기가 필요하다.

보통 남자아이들은 기질적으로 와일드하거나 소프트한 기질로 나누어진다. 정확하게 나눌 기준점이 있는 것은 아니지만, 학교에서는 유독 이 두 기질이 눈에 띄게 나누어지는데 그 이유는 놀이문화에 기인하는 경우가 대부분이다.

보통 남자아이들은 자연스럽게 자신과 이해 요구가 비슷한 아이들끼리 팀을 만들게 되는데, 자신과 스타일이 다르면 어울리기가 어려워진다. 그래서 비슷한 아이들을 찾아 서로 어울리게 되는 것이다.

예를 들어 체육 시간에 선생님이 "얘들아, 남자아이들은 축구, 여자아이들은 피구 한다!" 하고 말씀하시면 남자아이 대부분이 환호성을 올리며 좋아할 것 같지만, 사실은 그렇지 않다. 거칠게 어깨를 부딪쳐가며 밀고 당기는 몸싸움을 하는 축구를 좋아하는 남자아이들은 한 반에 절반이 조금 넘는다. 나머지 아이들은 얼굴이 흙빛이 되지만 환호성 올리는 아이들의 등쌀에 마지못해 나갈 뿐이다. 이 아이들은 사실 여자아이들 틈에서 같이 피구를 하고 싶어 하는 아이들이다.

반대로 "얘들아, 피구 하고 싶은 사람은 오른쪽, 축구 하고 싶은 사람은 왼쪽으로 모여 봐, 남자 여자 상관없이 말이야." 하면 아이들은 신이 나서 피구팀과 축구팀으로 갈라지는데, 축구팀을 보면 거칠고 운동 잘하고 승부근성 강한 남자아이들로만 정예부대가 꾸려지고 나머지 아이들은 피구팀에 끼어있는 모습을 확인할 수 있다. 물론 축구팀에 여자아이들이 들어가기도 한다. 아까 흙빛이었던 남자아이들은 언제 그랬냐는 듯 환한 표정이 된다.

술래잡기나 사방치기 하며 웃을 수 있는 남자아이가 있지만, 야구나 축구처럼 몸을 격하게 움직이는 놀이를 해야 웃을 수 있는 남자아이도 있다는 것은 결코 흉이 될 수 없다. 어른들도 축구를 직접 하는 것을 좋아하는 사람이 있고 보는 것만 좋아하는 사람들이 있는 것처럼, 아이들도 각자 기질과 취향이 다르다는 것을 알아야 한다.

와일드한 아이들의 특징

와일드한 아이들은 대체로 승부근성이 강하며 경쟁에 민감한 반응을 보인다. 반드시 이겨야 하며 지고 나면 분을 참지 못하는 경향이 강하다. 이는 수업시간에도 여실히 나타난다. 모둠 활동에서는 좋은 결과를 거두기 위해 온갖 편법도 마다치 않는다.

이와 같은 아이들은 자기주장이 강하고 씩씩하기 때문에 발표력이 뛰어나다는 칭찬을 자주 듣는다. 운동을 잘하고 좋아하기 때문에 많은 아이가 리더처럼 따르기도 한다. 그러나 자기가 옳지 않다고 생각되는 부분은 잘 따지고 가끔 물리적인 충돌을 일으키기도 해서 또 한편으로 친구들의 경계 대상 1호가 되기도 한다.

이러한 와일드한 아이들은 장점을 잘 살려주면 정말 훌륭한 리더로 성장한다. 씩씩하게 모둠 활동을 이끌어갈 줄 알고 승부근성이 강하기 때문에 모든 일에 최선을 다하고 의욕적이다. 칭찬 듣기를 좋아하며 칭찬을 듣는 순간 행동이 긍정적으로 변화하는 데 걸리는 시간이 무척 짧으므로, 이 아이들에게는 적절한 시기에 칭찬을 하며 격려해주는 것이 꼭 필요하다. 와일드한 아이들이 칭찬에 약한 이유는 선생님과 부모님에게 무척 많은 꾸중을 듣고 자란 아이들이기 때문이다. 장점이 많은 아이들이지만 행동반경이 크기 때문에 그 장점이 다른 사람들의 인정을 받지 못하고 묻혀 버리는 경우가 많다. 스스로 뛰어난 면도 많은데 자꾸만 꾸중을 듣다 보니 인정받기 위해 행동은 더 커지고 주로 긍정적인 행동보다는 부정적인 행동으로 주목받기 위해 애쓰는 모습을 보이기도 한다.

인간은 누구나 사랑을 충분히 받아야 긍정적으로 성장할 수 있는 존재인 만큼, 이제 이 아이들의 진심을 똑바로 보고 내 아이의 모습이 어떠하든 간에 이 아이가 속마음에 품고 있는 그 진심을 끄집어낼 수 있도록 노력해보자.

일단, 아이가 과격한 행동을 했을 때는 할아버지 할머니가 아이들을 다루듯 따뜻한 눈으로 한번 바라보면서 "○○가 사실 이런 걸 원했었구나?" 하고 말을 던져주자. 대부분의 아이는 이 말에 수긍할 것이다. 그러고 나서 아이가 원하는 것을 들어준 후에 "그런데 ○○야, 앞으로 뭔가를 원할 때는 좀 다른 방법으로 말해보면 어떨까?" 하고 차분하게 이야기하는 방법을 가르쳐주면 아이들은 대부분 수긍하는 모습을 보여준다. 어른들이 말하는 방법을 가르쳐주지도 않고 아이가 소리 지르고 행동을 크게 한다고 나무랄 일은 아니다.

그리고 칭찬받을 행동을 하면 놓치지 말고 바로 칭찬해주자. 물론 아이가 잘한 행동을 위주로 칭찬해야 한다. 나는 와일드한 아이들이 착한 행동을 하면 바로바로 칭찬해주고, 알림장에도 적어주고, 길 가다가 아이 엄마를 만나면 꼭 붙잡고 칭찬해주셨느냐고 확인도 해준다. 가정과 학교에서 다 같이 아이를 인정해주면 와일드한 아이들은 인정받기 위해 엄청난 노력을 기울이며 효과도 눈에 보이게 나타나는 편이다.

소프트한 아이들의 특징

다음으로 소프트한 남자아이들의 마음속으로 들어가 보자. 늘 조용하고 행동반경이 작아 놀이를 할 때도 크게 눈에 띄지는 않지만 그렇다고 비사회적인 아이들은 아니다. 아이의 기질이 나긋나긋할 뿐 이 아이들 속에도 어울리는 그들만의 문화가 분명히 존재한다. 우리가 대학을 가면 한자동아리, 연극동아리, 신문동아리 등 각자 취미에 맞는 사람들끼리 어울려

친해지듯이 소프트맨들도 마찬가지다. 다만 행동반경이 큰 활동을 꺼리는 것뿐이다.

보통 이 아이들은 조용하고 나이에 비해 의젓한 행동으로 인해 칭찬을 많이 듣고 자라게 된다. 이 아이들에게 칭찬은 아이의 행동을 규정짓는 잣대가 되기도 한다. 자기주장을 강하게 펼치고 싶을 때가 있는데 그 때마다 착한 아이라는 굴레는 아이의 입을 다물게 하는 계기가 될 수도 있다. 아이가 조금이라도 자기 생각을 강하게 표현하고자 한다면 "네가 어떻게 그럴 수 있니?" 라며 혼내지 말고 아이가 자기표현을 할 수 있게 귀기울여주자. 소프트한 친구들은 또 일기장이나 글쓰기 활동을 통해 자기 생각을 무척 조리 있게 표현하기도 하니, 아이의 일기장을 통해 생각을 읽게 된다면 꼭 긍정적인 반응으로 화답해주도록 하자.

남의 떡이 더 커 보인다는 말이 있듯이 지금 내 아이가 갖지 못한 것에 신경 쓰고 우울해하시는 분들이 많다. 그러나 지금 내 아이는 지금 그대로 충분히 멋지고 아름다운 존재임을 잊어서는 안 될 것이다.

한 가지만 더 부탁드리자면

"자기 애는 왜 그래? 너무 얌전하다."

"자기 애는 왜 그렇게 와일드해? 어디 무서워서 친구 하겠어?"

이와 같이 또래 친구 엄마들끼리 이러쿵저러쿵 하는 말에 흔들리지 말자는 말을 전하고 싶다.

내 아이가 남에게 피해를 주는 아이가 아니라면 기질적인 문제에 대해

걸고넘어지는 이야기에 상처받거나 화답해줄 필요는 없다. 아이가 소프트
하든 와일드하든 그것은 흉이 될 수 없다. 내 아이를 내 아이답게 받아들
이고 인정해줄 수 있는 사람은 부모밖에 없음을 기억하자.

부모님이 아이들을 키울 때 "이렇게 해라~" 하고 지시하는 모습을 그대로 따라 하는 아이들은 친구들이 싫어하는 아이가 되는 것을 알고 계신지? 다음 초등학생들이 싫어하는 아이들의 유형을 보며 다 함께 생각해보자.

1. 고자질하는 아이를 싫어한다

해마다 아이들에게 설문조사를 해봐도 변함없는 1순위는 고자질하는 아이이다. 보통의 부모님은 '억울한 일을 당하면 당장 선생님께 일러라.' 하고 가르치는데 아이러니하게도 아이들은 고자질하는 아이를 그 어떤 유형의 아이들보다 싫어한다. 자신에게 비록 잘못이 있을지라도 선생님 앞에 조르르 쫓아가서 이르는 아이를 보면 모멸감과 분노가 느껴진다고 한다. 그래서 학기 초에 나는 아이들에게 공개적으로 고자질하지 말 것을 부탁한다. 정말 억울한 일이 있을 때는 다투었던 아이와 함께 나와 서로의 잘잘못을 가리도록 하고, 일방적으로 당했다고 느꼈을 때는 아이들이 모두 하교한 후 몰래 와서 이야기하거나 일기장에 적어내도록 하는 방법을 택하도록 하고 있다.

바꿔서 생각해보자. 어른들도 "너, 이런 점이 잘못되었어." 하고 수많은 사람 앞에서 망신을 당하면 기분 좋을 리가 없다. 성장기의 아이들은 더 말할 필요도 없다. 특히 4학년이 넘어가는 고학년 때는 공개적으로 아이들 앞에서 잘못을 지적당하면 크게 상처받는다. 나 역시 고학년을 지도할 때는 아무리 큰 잘못을 해도 아이들 앞에서 공개적으로 꾸중하지 않는다. 아이들은 어른이 생각하는 것 이상으로 자아가 강하다.

2. 욕하는 아이를 싫어한다

욕하는 아이 역시 설문 조사 때마다 다섯 손가락 안에 항상 드는 싫어하는 유형의 아이들이다. 일단 욕 자체가 기분 나쁜 말인데 상대방에게 이유 없이 혹은 욕을 들을 만한 일도 아닌데 욕을 먹었을 때 상당히 기분 나쁜 감정 상태가 된다. 그래서 꼭 다툼이 생기거나 큰 소리가 난다. 욕하는 아이들 주변에는 큰 소리가 하루 한두 번씩은 꼭 들린다. 많은 부모님은 이를 알고 조심하겠지만 경우에 따라서는

"사내자식이 태어나서 욕 좀 할 수 있지."

"요즘 애들 다 욕하면서 크지 않나?"

이렇게 말씀하는 분들도 있다. 요즘 아이들 다 욕하면서 크지 않는다. 욕하는 아이들은 반 친구들이 경계하는 대상 1, 2호에 들어가는 만큼 어른부터 조심하여 아이의 언어습관이 어긋나지 않도록 살펴주어야 한다.

3. 물건을 빌려 가서 돌려주지 않는 아이를 싫어한다

물건의 소유 개념이 약한 아이들이 있다. 남의 물건을 빌려 가서 돌려주지 않는 아이들이 바로 그 예이다. 아이들은 작은 물건 하나라도 의미를 부여하고 소중하게 생각하는데, 물건을 빌려 가서 돌려주지 않으면 마치 물건을 남에게 빼앗긴 것과 같은 상처를 받는다. 물건을 빌린 아이는 빌렸다고 생각하지만 돌려받지 못한 아이는 빼앗겼다고 생각한다. 아이의 필통에 내가 보지 못한 낯선 물건이 있다면 소유 개념을 명확하게 가르쳐주고 주인에게 돌려주도록 지도하자.

4. 명령하는 아이를 싫어한다

굳이 말하지 않아도 자기 주도적으로 문제를 해결할 수 있는데 옆에서 감 놔라 대추 놔라 하면 어른도 그 상황이 유쾌하지만은 않을 것이다. 아이들 사이에서도 명령조로 이야기하는 아이들이 있는데, 많은 아이가 이런 유형의 아이에게 자존심을 상해 한다. 특히 소심하고 내성적인 아이들은 집에 와서까지 감정의 앙금이 쉽게 가라앉지 않아 힘들어하기도 한다.

명령하고 지시하는 말투는 부모님에게 배우게 되는 경우가 많다. 너무 완벽하게 아이를 키우고자 하는 부모님의 태도가 은연중 명령조로 말하는 아이를 키우게 되는 원인이 되기도 한다. 명령하는 아이로 키우지 않기 위해서는 부모가 먼저 마음의 여유를 가지고 아이의 실수를 일일이 지적하기보다는 대화와 타협으로 문제를 해결하는 자세를 가지는 것이 중요하다.

5. 때리는 아이를 싫어한다

별것 아닌 일로 시비를 걸고 주먹부터 휘두르는 아이들이 있다. 또 이와 같은 아이들이 점점 늘어나는 추세는 디지털화되어가고 있는 사회를 반영하고 있는 것이기도 하다. 초등학교 시기는 특히 자제력이 부족한 나이인데 3~4학년 시기에 물리적인 충돌이 많이 일어난다. 아이들은 다툴 때 쌍방과실이 있을 때에는 때리는 아이를 원망하지 않지만, 급식을 먼저 먹기 위해 마구 밀치는 아이나 체육 시간에 줄을 섰을 때 앞이 안 보인다는 이유로 걷어차는 등 사소한 이유로 주먹을 휘두르는 아이는 상당히 불쾌해하고 싫어한다.

때리는 아이는 저학년 때부터 일치감치 아이들이 기피하는 1순위로 꼽혀 여기저기 입에 오르내리게 되기 때문에 가정에서의 지도가 꼭 필요하다. 아이를 타이르거나 아이와 대화할 때 고성이 오가거나 매를 드는 등의 지도를 피하고 아이가 정서적으로 안정을 찾을 수 있도록 질적으로 우수한 시간을 부모와 함께 보내는 연습을 하자. 정서적으로 안정과 평화를 찾은 아이들은 상대방을 보는 눈도 관대해진다.

6. 집착하는 아이를 싫어한다

이는 고학년 여학생들 사이에서 가끔 발견되는 유형이다. 친밀하게 느껴지는 상대친구에 대해 지나치게 집착하는 아이들이 있다. 놀 때도 나랑만 놀아야 하고 집에 갈 때도 나랑만 같이 가야 하고 이따금 핸드폰 문자 검사를 해서 다른 친구와 주고받은 문자가 많으면 질투하고 정해진 시간에 전화를 안 받으면 토라지는 것이다. 이와 같은 집착은 결국 결과가 좋지 못하다. 처음에는 나에게 친밀하게 잘해주는 친구가 좋지만, 나중에는 힘들어하고 괴로워한다. 다른 친구들과도 놀고 싶은데 놀 기회를 주지 않기 때문이다. 단짝 친구를 만드는 것은 좋지만 어느 정도 거리를 둘 줄도 알아야하고 단짝 친구의 친구들과도 어울릴 줄 알아야 한다.

집착하는 아이로 키우지 않으려면 많은 친구들과 어렸을 때부터 두루 어울릴 기회를 만들어 주고 나와 다를지라도 다름을 인정하는 마음을 심어주는 것이 중요하다. 또한, 내 아이의 친구를 내 아이만큼 소중하게 여기고 친구의 마음을 배려하는 모습을 부모가 먼저 보여주는 것도 중요하다.

7. 남에게 피해를 주는 아이를 싫어한다

학교에서 보통 산만하고 집중을 못 하며 수업시간에 지나치게 떠들면 남에게 피해를 주는 아이라고 한다. 학교에서 남에게 피해를 주는 일 중 가장 큰 부분이 수업시간 중 행동이기 때문이다.

대부분의 아이는 이와 같지 않기 때문에, 집중해서 수업에 참여하고 있는데 다른 아이가 큰 소리로 떠들고 딴소리를 할 때 많은 방해를 받게 된다. 특히 집중력 부족이 심각할 경우는 되도록 빨리 치료를 받는 것이 중요하며, 선생님의 지적에도 아랑곳하지 않고 떠들고 장난치는 일이 잦다면 아이에게 확실한 다짐을 받고 빨리 바로 잡아야 우리 아이가 더 큰 원망을 듣는 것을 막을 수 있다. 많은 부모님이 아이의 잘못을 감싸주기 때문에 아이는 더 많은 사람으로부터 원망과 지적을 받게 된다는 것을 알아야 한다.

7가지 경우 외에도 더 있지만 대부분 부모님이 생각하는 것과는 많은 차이가 있을 것이다. 많은 엄마가 상담을 와서 내 아이의 신체적 약점(키가 작거나 뚱뚱하거나 외모가 못생겼다거나) 혹은 아이의 특이한 버릇(주로 틱 증상) 때문에 다른 아이들이 싫어하지는 않을지 걱정을 하신다. 그러나 아이들은 그것보다는 나에게 피해를 주는 아이들에게 불쾌감을 갖게 됨을 인지해야 할 것이다. 7가지 중 하나라도 해당하는 것이 있다면 시간이 좀 걸리더라도 꼭 고쳐주도록 하자.

아이들의 타고난 성향은 바꾸기 어렵지만, 인성은 부모님의 노력으로 올바르게 형성될 수 있습니다. 가정에서부터 아이의 올바른 인격형성을 위해 인성교육을 어렸을 때부터 실시해야 한다고 생각합니다. 각각의 부모가 자기 자녀부터 인성교육에 힘쓴다면 이 사회가 좀 더 나아지지 않을까요?

– 아사랑 선생님

요즘 아이들은 자신의 처지에서만 생각합니다. 항상 다른 사람의 처지에서 생각해볼 기회를 주세요. 그리고 문제의 원인을 아이 스스로에게서부터 찾는 연습을 시켜주세요. 짧은 교육 경력이지만, 문제아라 불리는 아이들의 부모님은 아이의 문제행동에 대한 탓을 교사나 다른 아이들에게 돌리는 공통점이 있었습니다. 아이를 사랑으로 대하되 잘못한 부분에 대해서는 고칠 수 있도록 따끔한 지적도 필요합니다.

– 서울 신봉초 잘될거야 선생님

아이가 좋은 인성을 갖기 바라는 학부모님이라면 아이에게 평소에 '고맙다, 미안하다, 사랑한다'는 말을 자주 해주세요. 어른에게서 진심이 담긴 매직 워드를 들어본 아이만이 친구나 선생님, 다른 사람에게도 따뜻한 마음을 전달할 수 있습니다. 특히 어른들은 자신이 아이에게 잘못한 일에 대해서는 매우 관대하여 구렁이 담 넘어가듯 그냥 넘어가기가 쉬운데, 그럴 때일수록 아이의 감정을 살피며 "미안해, 엄마가 잘못 생각한 것 같구나. 다음부터는 그러지 않도록 조심할게."라고 정식으로 사과할 줄 알아야합니다. 부모가 아이에게 듣고 싶은 말이 있다면 그런 말을 아이에게 먼저 해주어야겠지요. 타인의 감정을 살필 줄 아는 아이가 진정한 미래의 리더가 될 수 있습니다.

– 서울 오류남초 이미선 선생님

기질적으로 여리고
착한 아이들의 심리

기질적으로 착한 아이들이 있다. 저렇게 마음이 여리고 순수해서 어떻게 세상을 살아갈까 싶을 정도로 착한 아이들. 이러한 아이들을 자녀로 둔 부모님의 걱정은 크다. 학기 초 상담이 있을 때 착한 아이를 둔 엄마들은 나를 보자마자 눈물을 글썽이신다. 그동안 아이가 아팠던 만큼 엄마의 마음도 매우 아팠기 때문이리라. 충분히 이해하고 공감하며 나는 엄마들의 손을 잡아 드린다.

착한 아이를 둔 부모님들이 하나같이 입을 모아 하시는 말씀이 있다.

"좀 때리고 들어왔으면 좋겠어요."

"상처 주는 말을 한 아이에게 내 아이도 당당하게 맞대응했으면 좋겠어요."

"좀 대들기라도 하면 얼마나 좋을까요. 말도 못하고 말하면 더 큰 보복이 두려워 전전긍긍하는 모습이 가슴 아파요."

나 역시 어린 시절 착한 아이 축에 속했고 꽤 드센 아이들로부터 가끔 당하고 살아왔던 터라 그 마음이 너무나 잘 이해가 간다.

그런데 반대로 생각해보자.

착한 게 나쁜 건가? 착하면 좋은 것 아닌가? 요즘처럼 아이들을 착하지 않게 키우는 세상에서 도덕적으로 바른 생각을 하고 착실하게 생활하는 것이 왜 나쁜가 말이다. 착한 아이들에게는 착한 아이들을 추종하는 학급의 또 다른 착한 친구들이 있다는 것을 엄마들이 꼭 기억해 주었으면 좋겠다. 그리고 학년이 올라갈수록 이 착한 친구들의 힘은 점점 더 커진다는 것도 기억해 주신다면 아무래도 용기를 얻게 되지 않을까 생각해 본다. 지금 상처 주는 친구 때문에 눈물짓고 있을 착한 친구들, 어떻게 다독거려 주면 좋을지 살펴보기로 하자.

안으로 삭이는 게 더 아프다

착한 아이들은 대게 선생님께 잘 고자질하지 않는다. 그래서 친구들이 좋아한다. 나의 흠을 덮어줄 친구라고 생각하기 때문이다. 그러나 정작 착한 아이들은 속마음을 표현하지 못했기 때문에 친구 때문에 내가 겪은 불편함을 속으로 되새기며 삭이느라, 마음은 이미 만신창이가 되어 있다. 나도 힘들고 아프면서 내가 고자질하면 상대편 아이가 나를 원망할까 봐 혹은 상대편 아이가 선생님께 꾸중이라도 듣게 될까 봐 걱정하며, 겉으로 표현하지 못하는 것이다.

그러나 인간은 표현하지 못하면 안으로 밖으로 병이 드는 존재이다. 안으로 삭였던 고통을 표현하기 위해 아이들은 다른 대안을 선택할 수밖에 없다. 그 대안으로 일기장이나 글짓기 공책에 속상한 마음을 표현하는 것으로 위안을 삼는다면 그것은 훌륭한 스트레스 해소법이다. 그러나 나보다 더 약한 동생이나 친구를 괴롭힌다든지, 신체적으로 아픔을 호소하며 학교에 가기를 거부한다든지, 신경질적이고 예민한 반응을 보인다든지 하는 방법으로 나타난다면 문제의 심각성은 커진다. 내 아이가 이야기하지 못하고 끙끙 앓고 있다면 반드시 지금 내 아이의 기분을 표현하도록 도와주자. 웬만하면 참으라는 이야기는 아이의 상처만 더 키울 뿐이다.

나는 아이들이 학교에서 친구들 때문에 속상한 일이 있으면 집에 와서 엄마와 형제자매에게 이야기하라고 한다. 그리고 내 아이를 속상하게 만든 상대방 아이에 대한 성토대회를 개최한다. 설사 내 아이가 잘못한 부분이 있더라도 나중으로 살짝 미뤄놓고 다들 한목소리로 내 아이의 마음에 상처를 주었던 아이에 대해 한 마디씩 비판을 하고 나면, 아이는 스스로 마음의 위안을 얻고 식구들의 지지 덕분에 힘을 얻게 된다. 또 친구들 모르게 선생님께 나중에 따로 찾아가 말씀을 드리거나 일기장에 적어서 알리는 방법 등으로 아이의 마음을 표현할 기회를 적극 제안해준다.

"너도 잘못한 부분이 있으니 그냥 참아."라는 방법은 옛날 우리 어릴 적에 쓰던 구시대적인 방법이다. 참지 말고 폭력이나 다른 강압적인 방법을 사용하라는 이야기가 아니다. 우리도 다른 사람 때문에 스트레스 받고 상처 받으면 모여서 수다 떨며 그 사람을 흉보는 것으로 마음을 다독이듯이, 이야기가 새나가지 않을 든든한 가족에게 속마음을 털어놓는 것은 아이의 자존감도 높이고 용기를 심어줄 수 있는 좋은 방법이다. 내 아이 마음을 부모가 다독여주지 않으면 누가 다독여주겠는가!

착한 아이에게는 꾸중보다 격려가 약이다

착한 아이들일수록 부모님께서 엄격하신 경우가 많다. 물론 기질적인 요인과 환경적인 요인이 함께 있겠지만, 엄격한 부모님의 아이들은 착하거나 혹은 학교에서 돌변하는 스타일인 경우가 많다.

여기서 말하는 엄격은 아이의 자율성과 아이가 가진 것들을 무시하는 엄격함을 뜻한다. 아이는 한없이 자유롭고 창의적인 존재이므로 이를 어느 정도 인정하고 키워 주어야 하는데, 아이의 의사를 존중하지 않고 부모가 원하는 방향대로만 키우려고 하면 아이는 자존감을 잃게 된다. 자존감에 상처를 입으면 상처받은 자존감을 회복하기 위해 반항적이거나 폭력적인 성향을 갖게 되거나, 혹은 그와 같은 성향을 가진 아이들에게 굴복하게 된다.

착한 아이들은 내가 표현하고 싶은 의사를 명확하게 밝히는 연습부터 해야 한다. 자신의 생각을 잘 담아내 표현했을 때 아낌없이 칭찬해 주는 것이 좋다. 격려하고 기를 북돋워 주면 아이들은 그만큼의 사랑을 먹고 더 크게 자랄 것이다. 내 아이가 무슨 생각을 하고 있는지 만이라도 귀 기울여주자.

구체적으로 내 아이의 어떤 점이 멋진지 끊임없이 이야기해 주자

이 방법은 아이의 자존감을 살리는 가장 좋은 방법이다.

그냥 막연하게 "너는 참 착한 아이야, 너는 참 예쁜 아이야."라고 칭찬해 주면 안 된다. 아이들은 못 알아듣는다.

"엄마가 집안일을 힘들게 하고 있었는데 도와줘서 정말 고마워."

"이번 수학 시험은 열심히 노력하더니 성적이 올랐구나. 기특해."

이와 같이 구체적인 행동에 대하여 칭찬해 주어야 한다. 그리고 착한 아이일수록 내 자신이 가지고 있는 장점을 부정하지 않도록, 멋진 점을 골라 끊임없이 말해 주자. 착하다는 것은 한편으로는 내가 가진 점들을 낮추고 겸손하게 바라보는 성향도 강하기 때문에, 꾸준히 내가 가진 장점을 확인시켜 주는 것이 중요하다.

폭력이 아니라 논리로 대응하게 하라

착하디착한 내 아이도 자꾸만 상처를 입다 보면 상대방 아이에게 욱하고 달려들게 되는 순간이 있다. 그때 정말 놀랍게도 폭력적인 행동을 하는 모습을 목격하게 되는데, 이는 대인관계를 맺을 때 나를 속 상하게 한 상대편을 어떻게 대해야 할지 그 방법을 모르고 있기 때문이다. 그래서 꾹꾹 참아 두었다가 나중에 크게 터뜨리는 경우를 보게 된다.

이런 일이 벌어지지 않도록 아이가 기분 나쁘거나 친구 때문에 힘든 일을 겪었다면, 지금 현재 내 기분을 친구에게 이야기하도록 하는 것이 좋다. 그런데 눈물이 날 것 같다든가 도저히 말을 꺼내기가 어렵다든가 하는 상황이 생기지 않도록, 평소 힘들게 하는 친구에게 내 기분을 논리적으로 설명하는 연습을 집에서 여러 번 하게 하면 실전에서 도움을 받을 수 있다. 깨지고 무너지는 한이 있더라도 "내 마음이 지금 이래! 내 기분이 이렇다고!"처럼 감정 표현을 해야 한다. 그리고 아무렇지 않은 척하거나 강한 척하는 것보다 지금 현재 내가 슬퍼하고 힘들어하는 것을 친구에게 표현하는 것도 나쁘지 않다고 말해 주자.

학년이 올라갈수록 착한 아이가 빛을 발한다

저학년 때는 착한 아이들이 많이 당하고 상처받는 것 같아 엄마들이 속상해하지만, 고학년으로 올라갈수록 착한 아이들이 빛을 발하는 날이 온다. 일단 착한 아이들은 상대방에게 상처를 주지 않기 때문에 친구들이 많이 따르고 좋아한다. 또 상냥하고 착실하므로 선생님께도 칭찬받는 아이로 자란다. 학년이 올라가면 또 선생님과 친구들에게 지지받고 칭찬받는 아이들의 힘이 자연스럽게 친구들 사이에서 커지기 때문에, 착한 아이의 발언권도 생기게 되니 걱정하지 말자.

21세기 사회는 다양성이 존중되는 사회이다. 대한민국이 지금은 획일화된 모양새를 갖춘 인재를 원하는 사회일지 모르지만, 사회는 급격하게 변화하고 있다. 내 아이가 갖추지 못한 모습을 부러워하기보다는 아이의 현재 있는 그대로의 모습을 인정해 주되 그 모습이 내 아이의 강점이 될 수 있도록 많이 지지해주고 격려하는 것이 중요하다.

거짓말하는 아이들의 심리

어른들이 흔히 하는 말 중에 '아이들은 거짓말을 할 줄 모른다.'라는 말이 있다.

벌거벗은 임금님이라는 동화에서 거짓말할 줄 모르는 아이들 때문에 임금님이 벌거벗었다는 사실이 밝혀지게 되는 내용에서도 알 수 있듯이, 아이들이 거짓말을 할 줄 모른다는 믿음은 우리에게 매우 강하게 작용하고 있다. 과연 그럴까?

교육학자들의 의견에 의하면 아이들은 하루에도 수없이 많은 거짓말을 한다고 한다. 다만 아이들이 하는 거짓말은 어른들의 거짓말과는 매우 다른 측면이 있다는 것을 알아야 한다.

어른들은 상대방을 속이려는 의도를 가지고 혹은 자신의 잘못을 감추기 위한 거짓말을 한다. 그러나 금방 들키게 될 것이 뻔한 거짓말은 잘 하지 않는 것이 특징이다. 들키면 더 큰 망신을 가져올 수 있기 때문에 이를 미리 계산하는 치밀함을 보인다. 그러나 아이들의 거짓말은 무척 허술하다. 그리고 중요한 것은 아이 자신도 지금 내가 거짓말을 하고 있다는 것을 모른다는 사실이다. 아이는 아이가 만들어낸 거짓말의 세계가 진실이라고 생각하며 살아가고 있다는 것! 한 번쯤 생각해 본 적이 있으신지!

내 위주로 해석하는 아이들

어린 나이의 아이들일수록 이러한 현상은 두드러지게 나타난다.

"엄마, 민우가 날 때렸어. 민우는 나만 괴롭혀. 근데 선생님은 나만 혼내."

어느 날 아이가 유치원에 다녀와 이렇게 말했다. 엄마는 일단 아이의 말을 듣고 흥분 상태가 된다. 민우라는 아이가 내 자식을 때렸는데 선생님이 내 자식만 혼내다니 이렇게 억울하고 분통 터지는 일이 어디 있겠는가.

그리고 엄마는 흥분을 가라앉히지 못하고 유치원에 전화를 걸었다가 충격적인 소리를 듣게 된다. 그렇게 믿었던 내 자식이 민우를 밀어서 민우가 코피를 쏟았고 이에 화가 난 민우가 다시 내 아이를 밀쳤다는 것. 그래서 선생님은 민우와 내 아이를 둘 다 불러서 주의를 주었다는 것이다. 그런데 아이는 왜 자기 잘못을 빼놓고 이야기할까? 아이의 이야기대로라면 민우와 선생님은 정말 나쁜 사람이 되고 만다.

그런데 어른이라면 이때의 말에 거짓말이라는 의도를 담고 이야기할 것이다. 그러나 이 아이는 지금 진실을 말하고 있다. 아이는 과거의 상황을 내 위주로 해석한다. 철저히 자기중심적인 발달과정 속에 있기 때문에 나를 기분 나쁘게 한 상대방은 무조건 나쁘고 나의 잘못은 생각하지 못하는 것이다. 아이의 머릿속에는 먼저 민우를 밀쳤던 자신의 모습이 아닌 코피

흘리고 있는 민우가 욱하며 달려들어 나를 밀친 모습과, 이 모습을 보고 아이를 불러 꾸짖고 있는 선생님의 모습만이 가득할 뿐이다. 결국, 아이는 내가 잘못한 내용을 엄마에게 바르게 전달하지 못하게 되는 것이다.

이를 두고 엄마가 아이에게 거짓말을 했다고 혼을 내면 아이는 그저 억울하기만 할 뿐 자신의 잘못을 깨닫지 못한다. 아이들이 어렸을 때는 아이의 거짓말을 거짓말이라 생각하지 말고 아이가 하는 말을 진지하게 들어주되 말뜻을 잘 새겨듣는 것이 필요하다.

초등학생들도 마찬가지이다.

한 녀석이 씩씩거리며 교탁 앞으로 나와 A가 자기에게 시비를 걸며 때렸다고 억울함을 호소한다. A를 불러 자초지종을 들어보면 B가 자기를 놀렸기 때문이라고 한다. 이럴 때는 차분히 둘 다 마음이 가라앉기를 기다렸다가 양쪽 입장 모두를 설명해 주면 그제야 고개를 끄덕인다. 이때 아이들이 한 행동을 막무가내로 꾸짖기만 하면 아이들은 억울해할 뿐 선생님이나 부모님이 왜 야단쳤는지 이해하지 못하고 이해하려고 하지도 않을 것이다. 하나하나 설명해주면 아이들은 금방 자신이 잘못했다는 것을 깨닫게 되니, 아이의 말을 100% 수긍하거나 100% 부인하지 말고 객관적인 제삼자의 입장에서 아이의 행동을 차분하게 설명해 주면 된다.

상황을 모면하기 위한 거짓말

그러나 초등학교 입학 후부터 한 가지 눈여겨보아야 할 거짓말의 유형이 하나 더 있다. 아이들은 서서히 상황을 모면하기 위한 거짓말을 하기 시작한다는 것이다. 얼마 전 반 아이들과 이야기를 나누어본 결과 아이들로부터 놀라운 이야기를 듣게 되었다. 아이들이 부모님께 가장 많이 했던 거짓말은 바로 이것이다.

"선생님께서 알림장 안 써 주셨어. 오늘 숙제 없어."

생각해 보니 매번 똑같은 아이들이 숙제를 안 해오고 있었고, 그렇게 알림장을 철저히 적어주는데도 안 해오기에 정말 숙제 검사 한 번 안 해 주는 부모님을 원망한 적이 있다. 이 아이 중 몇 명은 분명 숙제가 없다는 거짓말을 했을 것이다. 그 와중에 정말 숙제가 없었는지 확인했던 부모님이 있었다면 거짓말이 들통나 다음번에는 숙제를 해왔을 것이고, 우리 선생님은 원래 알림장도 숙제도 챙겨주지 않는구나 하고 철석같이 믿었던 분들이라면 그 아이들은 계속 숙제를 해오지 않았을 것이다. 그래서 다시 재차 물었다. "그렇게 이야기하면 부모님은 어떻게 말씀하시니?" 하고 물었더니 바로 책으로 등을 후려맞았다는 아이부터, 너희 선생님에게 전화해서 만약 거짓말이면 저녁밥은 굶는 거라는 아이도 있었고, 그냥 그런가 보다 하고 넘어가시는 분들도 계시다는 것. 놀라운 것은 모범생들도 한 번쯤 이런 거짓말을 해봤다는 것이다. 이 정도 거짓말은 애교에 속한다.

꾸며낸 거짓말

과거에 실제 있었던 일이다.

어느 날은 한 아이의 엄마로부터 다급한 전화가 걸려왔다.

"선생님, 우리 아이가 집단 따돌림을 당하고 있는 것 같아요. ○○가 우리 아이를 너무 심하게 괴롭힌대요."

엄마가 걱정하시는 상황은 알겠지만, 사실은 그 반대의 상황.

○○를 그 아이가 심하게 괴롭혀서 몇 번이나 주의를 시켰던 상황을 아이는 집에 가서 반대로 이야기한 것이다. 굳이 이렇게 거짓말까지 해가며 엄마에게 하소연했던 이유를 들어보니 아이가 요즘 너무 산만하고 장난을 많이 치기에 화를 내고 야단을 쳤더니 급기야는 울면서 사실은 그 아이들이 괴롭혀서 나도 이렇게 행동이 변하게 되었다고 이야기했다는 것이다. 아이는 잘못한 점을 꾸짖는 엄마를 향한 변명거리를 찾아야만 했던 것이다. 이와 비슷한 예는 너무나도 많다. 그런데 어른들은 이런 거짓말을 할 때 한 번쯤 다시 생각해보아야 하는데 또 아이의 눈물 앞에서 마음이 약해져 아이가 꾸며낸 상황을 아이가 이야기한 언어 그대로 믿어버리고 만다. 이럴 때는 직접 담임선생님께 여쭈어보고 사실 여부를 알아본 후 아이의 행동에 대한 상담을 받아보는 것이 좋다.

보통 아이가 꾸며낸 거짓말을 하게 되는 경우는 부모가 매우 권위적일 때가 많았다. 아이가 잘못한 행동의 진위를 알아보기 위해 아이를 무섭게 다그친다면 그 앞에서 진실을 이야기할 아이는 아무도 없을 것이다. 어떻게든 상황을 모면해 보고 싶은 것이 인간의 본성이므로 거짓말을 해서라도 꾸중 듣는 상황에서 벗어나 보려 할 것이다. 이럴 때 권위적인 부모는 아이를 교육하는 것이 아니라 아이에게 거짓말을 할 기회를 제공해 준 것밖에는 안 된다. 또 당장 눈을 부릅뜨고 아이에게 매를 대거나 혼을 내는 것이 통할지는 모르겠지만 아이는 금방 자신이 한 행동을 반복하게 될 것이다.

아이가 커서까지 거짓말을 할 때는 부모로서의 내 사랑이 아이에게 부족하게 전달된 것은 아닌지 한 번쯤 돌아보아야 한다. 아이들은 다른 것은 다 몰라도 사랑이 부족하다고 느끼면 일탈 행동을 가장 많이 저지른다. 일단 아이의 거짓말에 대하여 나 자신의 행동을 반성했다면 이제 거짓말한 아이와 대화를 나누어야 한다. 사실 여부를 밝히려고 하지 말고 일단 아이의 마음을 껴안아준 후에 차근차근 대화를 나누어 보자.

아이의 행동이 변하기 위해 부모인 나도 변하겠다는 단호한 의지를 보여주어야 한다.

그리고 기억하자. 모든 인간은 지금 이 순간도 끊임없는 거짓말을 하며 살아가고 있다는 것을! 그것이 선이 되었든 악이 되었든 인간은 자기 자신을 위험에서부터 보호하기 위하여 거짓말을 할 수 있다.

그러나 아이의 거짓말을 제대로 처리해주지 않아 아이가 지금 비도덕적이며 타인으로부터 지탄받는 삶을 살고 있다면 얼마나 아이 스스로 불행한 일이겠는가.

정말 아이를 사랑하고 있다면 순간순간 화를 내며 아이의 행동을 다그치고 있는 내 모습을 먼저 반성하자.

세상에서 가장 무서운 부모는 권위적인 부모가 아니라 부모 스스로 엄격하게 삶을 관리하며 아이 앞에서 모범을 보이는 부모이다.

나의 푸근한 인상 때문인지 많은 엄마가 학교에 상담하러 오서서 아이에 대한 고민을 이야기하다가 자주 눈물을 보이곤 한다. 아이에 대한 걱정과 상처받았던 감정들이 한꺼번에 밀려오기 때문이리라. 같이 아이 키우는 처지에서 어찌 그 마음을 이해하지 못할까. 나도 함께 아파하며 공감해 드리고 있다.

그러나 아이들은 웬만해서는 어른들에게 진심 어린 눈물을 보여주지 않는다. 자아가 한참 첨예하게 성장하고 있는 단계이며 스스로 치부를 절대 그 누구에게도 보여주고 싶지 않은 마음이 강하기 때문이다. 그러나 결국 학교에서 문제를 일으켜 개별적으로 불러 상담을 할 때 펑펑 눈물을 쏟아내는 아이들이 있다. 열에 아홉은 엄마 아빠의 모습에서 큰 상처를 입은 아이들이다. 어쩌면 초등학생이 저렇게 행동할 수 있을까 싶을 만큼 잔인하게 반 친구들을 괴롭히고 때리고 욕하며 자신의 힘을 과시해 온 그 아이들을 무너지게 한 것은 엄마 아빠에 대한 기억들이었다.

부모의 불화가 가져온 아이의 폭력

목소리가 카랑카랑하게 크고 키도 크고 힘이 세서 반에서는 남자라고 불리는 여자아이가 있었다. 공부도 잘하고 똑똑하긴 하지만, 행동이 크고 억세서 반 아이들과 많은 부딪침이 있는 아이였다. 문제는 아이가 흥분하면 더 커진다. 다투는 과정에서 화가 나면 닥치는 대로 붙잡고 때리는 바람에 모든 아이가 두려움에 떨었고, 지도하는 나는 그 아이 때문에 반 아이들이 다칠까 봐 화장실도 못 가고 교실을 지키고 있어야 했다.

나중에 조용히 불러서 이야기했더니 아이 입에서 나온 이야기는 가히 충격적이었다. 밤마다 아빠가 퇴근하고 돌아와 자신을 때린다는 것이다. 각목으로도 때리고 여기저기 안 아픈 곳이 없다며 멍 자국을 보여주었다. 때리는 이유는 단 하나. 아이가 아빠의 기대에 못 미치기 때문이라고 했다. 그리고 맏이가 되어서 동생을 잘 돌보아주지 못한다는 이유에서라고 했다. 동생을 돌보기보다는 친구들과 노는 게 더 좋다는 이제 막 5학년이 된 그 아이를 보며 아이 아빠에 대한 원망이 나도 모르게 목구멍까지 치미는 것을 느꼈다.

"아빠는 제가 잘 되라고요. 잘 되기를 바라고 계세요."

흐느끼는 아이 입에서는 그래도 아빠를 감싸는 말이 나온다.

이야기를 듣고 나서 너무 멍해서 한동안 말을 이을 수 없었다. 아이는 매질을 당하고 있는 극도의 스트레스 상태에서 스트레스를 풀 길이 없어 학교에 와 아이들에게 분노의 감정을 모두 쏟아내고 있었던 것이다. 급히 아빠에게 상담 전화를 드렸더니 아빠의 대답 또한 내 마음을 아프게 했다.

아빠는 엄마와 이혼한 후에 '어미 없는 자식'이라는 말을 듣게 하고 싶지 않았다고 했다. 그런 말을 듣지 않기 위해 때려서라도 버릇을 고쳐야 한다고 생각했다는 것이다. 우리 어릴 때 어른들이 군대식으로 아이들을 바로잡았던 바로 그 방식이 이제는 가정폭력이라는 사실을 아빠는 인지하지 못하고 있었던 것이다. 30분 넘는 대화를 통해 아빠의 마음을 겨우 진정시키고 돌려놓을 수 있었다.

아이는 상담 전화 이후 방학 때 약물치료를 받았고 상담치료도 병행했다고 한다. 차츰 좋아지고 있는 아이를 지켜보며 학년을 마무리할 수 있어서 행복했다. 아이는 엄마 아빠의 다툼과 다툼 때문에 받았던 모든 고통을 고스란히 마음속에 간직하고 있었던 것이다. 치료를 받는다 해도 극도로 서로 증오했던 장면들을 모두 목격했던 아이의 깊은 상처가 아물어지려면 또 얼마나 많은 시간을 보내야 할까. 그때를 떠올려보면 지금도 한숨이 깊어진다.

부모가 남긴 상처로 의기소침해진 아이

또 다른 이야기를 들어보자.

공부를 썩 잘하는 편은 아니었지만 그래도 좀 북돋워 주면 잘할 것 같은 그런 남자아이가 있었다. 하얀 피부에 착하게 생긴 외모, 그리고 어딘가 모르게 조금 슬픈 눈을 하고 있던 사내아이였다. 학기 초부터 무척 성실하고 예의가 발라서 열심히 하라는 격려를 많이 해주었다.

아이는 나의 격려에 상당히 집착하는 모습을 보였다. 선생님의 말씀 한마디에 더 열심히 하려고 했고 잘했다. 칭찬 한마디에 쉬는 시간에 놀지도 않고 교과서를 붙들고 있었다. 나중에 알게 되었는데 아이는 편모 가정의 맏이로, 식당 일을 하며 혼자서 아이를 키우고 있는 엄마를 대신해 집에 가서는 집안일을 도맡아 하며 가장 역할을 하고 있었다. 또래보다 의젓하고 눈이 깊은 이유를 알 것 같았다.

아이가 의젓하고 멋진데 반해 아이의 엄마는 그렇지 못했다. 앞치마를 두른 상태로 아이에게 전할 말이 있으면 다짜고짜 교실 문을 박차고 들어와 아이를 불러내기도 했고, 사소한 다툼에 아이가 작은 상처라도 입으면 막무가내로 찾아와 상대방 아이를 끌고 나가기도 하는 등 억척스럽기 그지없는 분이셨다. 그럴 때면 아이는 나에게 매우 미안해했고 그런 일이 있는 날은 온종일 의기소침해 있곤 했다. 어느 날은 일기장을 넘겨보다가 아이가 쓴 눈시울 붉어지는 이야기에 한참 멍하니 앉아 있어야 했다.

엄마는 어릴 때 다정하고 좋은 분이셨는데 이혼 후에 혼자 생계를 꾸리다 보니 거칠고 투박한 엄마로 점점 변했다는 것이다. 그런 엄마의 모습을 보면 안쓰럽고 서글퍼진다고 했다. 아이는 엄마가 아빠와 잦은 다툼 때문에 상처받고 변해가는 모습을 아들의 마음으로 지켜보고 있었던 것이다. 그래서 엄마를 실망시키지 않기 위해 열심히 공부하겠다는 다짐을 밝혔다. 그런 까닭으로 나의 격려 한마디에 큰 용기와 힘을 얻었던 것이다. 아이는 성실하게 일 년을 마무리했지만, 어른들이 남긴 상처를 맏이로서 고스란히 짊어지고 있던 선한 눈망울이 지금도 잊혀지지 않는다.

아이들은 말로 표현하지 않아도 엄마 아빠의 모습을 모두 지켜보고 있다. 그리고 엄마 아빠의 모든 감정을 읽어내기 위해 애쓰고 있다. 그래서 엄마가 슬프면 아이도 슬프고 엄마가 행복하면 아이도 행복해지는 것이다.

❶ 부부 싸움은 반드시 아이들이 없는 곳에서 한다.

❷ 부부 사이에 갈등이 생겼을 때는 반드시 대화로 풀자. 큰 소리로 싸우지 않더라도 아이들은 분위기로 다 알아차린다.

❸ 엄마와 아빠의 역할에 충실하자. 배우자에게 역할을 모두 미루고 한쪽은 일에만 전념하면 원망의 골이 점점 깊어질 것이다.

❹ 자녀 문제로 고민이 생기면 혼자만 생각하지 말고 부부가 함께 고민을 나누자. 나눌수록 해결 방법은 가까이에서 찾을 수 있다.

❺ 배우자를 존경하고 사랑하자. 사랑의 마음은 아이들의 정서도 건강하게 만들어준다.

체육을 좋아하는 아이들의 심리

초등학교에서 가장 인기 있는 선생님은 어떤 분일까? 젊고 예쁜 선생님? 엄마처럼 포근하게 감싸주는 선생님? 아니면 남자 선생님? 여러 가지 추측을 해볼 수 있겠지만, 아이들이 가장 좋아하는 선생님은 체육을 빼먹지 않고 꼬박꼬박 해주는 선생님이다.

나도 처음 발령을 받았을 때는 아이들이 왜 그렇게 목숨 걸고 체육을 하고 싶어 하는지 그 이유를 잘 몰랐다. 아무리 힘들고 어려운 수업시간이 기다리고 있어도 일단 체육수업만 하고 나면 그날 하루는 만사형통한 날들이 많아서, 지금도 원만한 수업 진행을 위해 일단 체육이 시간표에 들어있는 날은 1교시에 깔끔하게 체육수업을 한다. 1교시에 체육을 한 날의 아이들은 그야말로 스트레스 제로인 상태에서 수업을 시작하기 때문에 공부할 때 효과가 아주 좋은 편이다.

최근에야 아이들이 체육 시간을 좋아하는 이유를 알게 되었는데, 그 이유를 알고 나서는 더욱더 빠뜨리지 말고 체육 시간을 챙겨야겠다는 결심을 했다. 엄마가 모르는 아이들이 체육을 원하는 이유! 과연 뭘까? 하나씩 짚어보도록 하자.

아이들이 체육을 원하는 이유 

놀 시간이 부족하다

말 그대로 요즘 아이들에게 놀 시간은 절대적으로 부족하다. 학교가 끝나면 아이들은 저마다 약속이나 한 듯이 바쁜 걸음으로 학원을 향해 뛰어간다. 청소 분단인데 학원 때문에 매번 방과 후에 남을 수가 없어서 점심시간에 청소를 미리 하는 아이들도 있다.

"방학 때는 점심도 거를 때가 많아요. 엄마는 직장 가시고 학원 스케줄대로 움직이다 보면 점심은 그냥 건너뛰게 되더라고요."

우리 반 아이의 말이다. 그 정도로 아이들은 바쁘다. 예전에 우리 아이 셋 모두 초등학생이 아닐 때, 아파트 상가에 가끔 장을 보러 가면 학원 가방 들고 분식점에 옹기종기 둘러앉아 떡볶이로 끼니를 해결하는 아이들을 보고 마음이 아팠던 적이 많았다. 그리고 도대체 엄마가 뭘 하기에 아이들이 저런 조미료가 잔뜩 들어간 몸에 나쁜 음식을 먹고 있는데 제대로 챙겨주지도 않을까, 원망하기도 했다. 그러나 샌드위치를 급히 만들어 포장해서 아이 가방에 넣어주는 초등학생 엄마가 된 이때, 그 아이들의 상황을 이해하게 되었다.

밥 먹을 시간조차 없이 이곳저곳으로 뛰어다녀야 하는 아이들. 지금 대한민국 아이들의 현주소이다. 우리 어릴 때는 다 같이 골목에 뛰어나가 해 질 녘까지 놀고 밥 먹으러 들어오라는 엄마의 성화에 그제야 집으로 향하는 날들을 보내지 않았던가. 아이들은 모름지기 그렇게 놀아야 한다. 놀아야 정서가 건강해지고 놀아야 많이 웃게 되고 놀아야 사회성도 발달한다.

그런데 요즘 아이들은 놀 시간이 없다. 놀아야 할 아이들이 놀지 못하니 움직이고 싶은 마음이 간절해지는 것이다. 학교에서 온종일 시험 보는 날 아이들을 보면 참 안쓰럽다. 중고등학생이야 시험지에 두 눈을 집중하고 풀고 있지만, 초등학교 아이들은 그냥 틀리든지 말든지 후딱 풀어버리고 움직이지 못해 온몸을 비비 꼬며 힘들어한다. 움직여야 하는 나이, 바로 초등학생 시절이다.

뜻밖에 운동을 별로 안 한다

아이들이 방과 후에 체육 학원에 많이 다니는 걸로 알고 있었는데 뜻밖에 그렇지 않은 아이들이 아주 많았다. 검도나 태권도 학원에 다니면 학교 체육이라고 해서 일주일에 하루나 이틀 정도는 피구도 하고 축구도 하고 줄넘기도 하면서 재미있게 노는 시간이 있는데, 운동하는 아이들이 많지 않으니 이 또한 문제가 된다. 운동 학원을 매일매일 다니려면 한 달에 10만 원 이상의 돈이 든다고 한다.

"수학이랑 영어랑 합치면 60만 원 정도 들어가니까 운동하고 싶어도 못 해요. 시간도 없고요."

6학년을 가르쳤을 때 우리 반 아이가 한 말이다. 일단 돈이 많이 들어가는 건 둘째 치고 2시 30분 넘어 학교 끝나고 공부 학원 두세 군데 돌고 나면 운동하러 가고 싶어도 못 간다는 것이다. 간혹 시간이 남는다 해도 운동장에서 놀기도 쉽지 않다. 운동장에서 놀았다가는 지나가다 만난 동네 엄마들에게 할 일 없는 아이로 보여 기피대상 1호가 되기 십상이다.

상황이 이렇게 되고 보니 아이들은 너무나 간절하게 체육 시간을 기다린다. 체육을 빠뜨려 본 적도 없고 항상 운동장에서 신 나게 뛰어놀게 해주는데도 불구하고, 체육이 든 날은 혹시나 선생님이 오늘은 체육을 하지 않는다고 할까 봐 노심초사하는 게 가엾은 우리 아이들이다.

이제 아이들이 체육을 원하는 이유를 알았으니 신체를 움직이는 활동이 얼마나 중요한 것인지 알아보기로 하자.

■ 신체활동의 중요성 

신체활동은 학습활동에 큰 도움을 준다

많은 사람은 신체활동과 학습활동을 별개라고 생각하고, 오로지 진득하게 궁둥이를 붙이고 앉아 공부해야 능률이 오르고 좋은 점수를 얻을 수 있다고 확신한다. 그러나 이러한 사고방식은 뇌에 대한 연구가 활성화되지 않았던 과거의 이야기이다. 차츰 뇌 활동과 신체 근육의 상관관계들이 속속 밝혀지고 있으며, 오히려 신체활동을 하고 나서 학습을 하면 스트레스성 물질의 분비를 억제하여 학습효과를 더 높일 수 있다는 것이 밝혀진 지 오래이다. 반대로 움직임 없이 학습만을 강요받았을 때 아이들은 과도한 스트레스로 뇌에서 코티솔이라는 화학물질이 분비되는데, 이는 장기기억을 담당하는 해마라는 중요한 뇌 기관에 있는 뉴런들을 죽이는 일을 담당한다. 즉, 움직임 없이 앉아서 하는 학습만을 강요받은 아이들은 오히려 기억력이 감퇴하고 집중력이 떨어지게 된다는 것을 의미한다. 실제로 이는 학교에서 아주 쉽게 목격할 수 있다.

신 나게 신체활동을 하고 난 후 수업을 시작하면 더 깊이 학습 내용을 수용하고 받아들이는 것을 볼 수 있는데, 온종일 책상 앞에 앉아 있어야 하는 날에는 온몸을 뒤틀며 괴로워하고 힘들어한다. 이때는 가벼운 신체활동을 응용한 수업으로 형태를 바꿔줌으로써 아이들의 집중력을 높여주면 다시 왕성하게 학습활동에 참여하는 모습을 볼 수 있다.

집중력을 높여주기 위해 신체활동이 필요한 아이들이 있다

집중력 장애를 앓고 있다고 일컬어지는 아이들은 집중해야 할 때와 그렇지 못할 때를 구분하지 못해서 힘든 일을 많이 겪는다. 이 아이들에게 집중력을 높여주기 위한 방법의 하나가 바로 소근육을 움직여 신체활동을 이끌어내는 활동들이다. 어른들도 머리가 아프거나 집중이 잘 안 될 때 선선한 바람을 쐬며 가벼운 산책을 하거나 헬스장에서 걷기운동 30~40분 하고 나면 기분이 상쾌하고 좋아지듯이 아이들도 마찬가지다.

학교 가기 싫어하는 아이들의 심리

아이가 학교에 가기 싫다고 했을 때 부모는 가장 큰 충격을 받는다고 한다. 실제로 학교에서 학부모님과 상담할 때 아이가 학교 가기 싫다는 말을 하게 되면 부모님은 버선발로 학교에 달려오신다.

부모의 기준으로 보았을 때 학교에 가기 싫다는 말은 회사에 가지 않겠다는 말과 같은 의미이기 때문이다. 부모가 회사에 다니지 않는다면 생계를 이어나갈 수가 없듯이 아이가 학교에 나가지 않는다면 미래를 대비할 수 없게 될 것이다. 부모는 이러한 맥락으로 생각하지만, 아이들은 스트레스에 민감하므로 힘든 날은 하루에도 몇 번씩 학교에 가지 않을 거라는 생각을 떠올리기도 한다.

그렇다면 과연 아이들은 언제 학교에 가기 싫어할까? 아이들의 학교 가기 싫어하는 마음을 들여다보며 그에 따른 적절한 해결방법을 찾아보도록 하자.

불편한 친구가 있을 때

불편한 친구는 한마디로 두려워하는 친구를 의미한다. 친구는 수평적인 관계가 되어야 행복한데, 나에게 명령과 지시를 반복하는 친구와 관계를 맺고 있을 때 아이들은 스트레스를 받는다. 다음날 눈을 뜨고 학교에 가야 하는데 친구가 자신에게 쏟아 부었던 모진 말들이 생각나 좀처럼 발걸음이 움직여지지 않는 것이다. 보통 이런 경우는 마음이 매우 여리거나 소심한 아이들에게서 흔히 볼 수 있다. 사실 이 세상에 그 어떤 사람도 두려운 존재는 없다는 것을 알려줄 필요가 있다. 그리고 친구가 내 마음을 불편하게 한다면 왜 불편한지 친구에게 명확하게 이야기할 수 있도록 가르쳐야 한다. 친구 탓을 하다 보면 문제는 해결되지 않는다. 살다 보면 그 친구보다 더 강하게 나를 압박하는 존재를 무수히 만나게 될 것이기 때문이다. 뜻밖에 자기감정을 정확하게 표현하면 문제는 쉽게 해결되는 경우가 많다. 상대방 친구는 내 아이가 불편하고 두려운 감정일 거라는 생각을 못하고 이야기를 해왔을 수도 있기 때문이다.

아이가 힘들어했음을 알게 되면 서로 사과하고 다시 편안한 관계로 돌아갈 수 있으니 자기감정 표현하기 연습을 평소에도 꾸준히 하자. 아이가 친구로 말미암은 스트레스가 심각하다고 느끼면 지체 말고 담임선생님의 상담을 받도록 한다. 내 아이 혼자서만 그 아이에게 스트레스를 받고 있다면 내 아이에게도 어느 정도 사회적인 관계를 맺는 데 문제가 있으므로, 이를 해결하기 위해 노력해야 한다. 그러나 내 아이를 힘들게 하는 그 아이는 다른 아이들도 힘들게 하고 있을 가능성이 높으므로, 편안한 마음으로 아이의 학교생활을 한 번 더 점검해본다는 차원에서 상담을 받아보자.

선생님이 너무 엄격하다고 느껴질 때

학기 초에 대부분의 선생님은 다소 엄격하게 학급경영을 하신다. 기본생활습관이 바로 잡혀야 일 년 동안 학습활동이 원활하게 이루어지기 때문이다. 규칙과 질서를 잘 지킬 수 있도록 연습해두면 아이들도 질서가 잡힌 교실에서 편안하게 수업활동에 참여할 수 있게 된다.

그러나 이 기초질서가 잡히는 동안 상당히 민감하게 반응하는 아이들이 있다. 본인이 꾸중을 들은 것도 아닌데 힘들어하고 눈치를 보며 스트레스를 받는다. 보통 마음이 여린 아이들이 이와 같은 모습을 보이는데, 이때는 아이에게 선생님이 엄격하게 지도하시는 이유에 대해 설명해줄 필요가 있다.

나는 늘 학기 초에 나의 아이들에게 선생님이 질서를 잡아주시는 이유에 대해 설명해준다. 그래서인지 삼 남매는 선생님의 지도방식에 대한 스트레스가 없는 편이다. 오히려 엄격하게 지도해주시면 좋아한다. 다른 아이들을 괴롭히는 아이가 활개를 치지 못하기 때문이라고 한다. 나중에 어느 정도 시간이 지나면 다시 자상한 선생님으로 돌아가시겠지만, 기초질서를 잡는 동안 아이의 힘든 마음을 다독이기 위해서는 학교를 신뢰하는 부모의 교육관 역시 투철하게 자리잡고 있어야 한다.

무기력증에 빠졌을 때

뭔가 하고 싶은 의욕이 사라지면 무기력해진다. '학습된 무력감'이라는 교육학적 용어도 있듯이 무력감이 반복되면 학습되게 된다. 무력감은 철저하게 부모의 탓이다. 아이가 일상에 잘 적응할 수 있도록 관리해 주어야 하는데, 아이에게 너무 많은 양의 학습과제를 주거나 아이의 일상생활을 불규칙적으로 관리해주면 아이들은 아무것도 하기 싫은 상태가 된다.

아이가 밤늦도록 드라마에 빠져 TV 시청을 하거나 게임을 하도록 내버려두면 아이는 정상적으로 생활하기가 불가능해진다. 밤늦게까지 공부하거나 책을 읽게 내버려두는 것 역시 마찬가지다. 잔뜩 늘어진 몸으로 겨우 일어나 가방을 추스를 때 상쾌한 마음으로 집 밖을 나설 수 있겠는가. 아침도 먹지 못한 상태로 허겁지겁 학교로 뛰어가는 생활이 반복되다 보면 아이는 당연히 학교 가기 싫은 마음이 들 수밖에 없다. 아이의 신체리듬이 원활하게 흘러갈 수 있도록 규칙적인 생활과 적절한 학습량 및 음식을 제공해주는 것이 중요하다.

공부보다 재미있는 무엇인가가 있어서

많지는 않지만, 가끔 있는 예이다. 매번 아침 9시 30분이나 10시가 되어야 느지막이 등교하는 아이가 있었다. 가정에 연락해도 별반 달라지지 않았다. 엄마는 새벽같이 아이의 아침 밥상을 차려놓고 출근을 해서 아이가 언제 학교에 가는지 체크할 길이 없었기 때문이다. 아이가 학교가 아닌 다른 대상에 빠져있음을 알게 된 건 몇 번의 엄마와의 전화통화 끝에서였다. 아이는 학교공부가 아니라 일일 아침 드라마에 빠져있었던 것이다.

아이들은 유혹에 약하다. 끊임없이 일상을 격려해주고 북돋아 주지 않으면 금방 딴 길로 새어나갈 수 있다. 눈앞에 너무나 먹음직스러운 대상이 있는데 어떻게 눈 꾹 감고 맛없는 공부에 손이 갈 수 있겠는가.

또 다른 예가 있다. 잠을 무척 좋아하는 엄마가 있었다. 밤늦게 일하러

나가는 분도 아니었는데 엄마는 잠을 자느라 늘 아이의 등교시간을 놓치곤 했다. 아이 역시 엄마와 함께 잠을 청하느라 어떤 날은 11시가 넘어 등교하는 날도 있었다. 실제로 있었던 이야기들이다.

학교보다는 아침 드라마와 아침잠을 택한 아이들의 이야기는 먼 나라의 이야기가 아니다. 어떤 아이들은 문구점 오락기계 앞에 앉아 있다가 학교 갈 시간을 놓치기도 한다. 공부보다 재미있는 것들이 넘쳐나는 세상임에는 분명하다. 그러나 자제할 줄 아는 태도를 가르쳐주는 것 역시 부모가 해야 할 일일 것이다.

공부하는 것이 힘들어서

사실 이 부분이 가장 큰 이유가 될지도 모르겠다. 우리나라 교육과정은 지나치게 인지 위주의 학습으로 구성되어 있다. 아이들은 각자 능력과 개성이 다양해서 미적인 감각을 지닌 아이, 신체활동이 우수한 아이, 음악적 재능이 있는 아이, 영어에 소질이 있는 아이 등 다양한데, 흥미도 없는 전 과목을 모두 책상 앞에 앉아서 쓰고 읽으며 공부해야 하니 지루한 학습 과정을 버텨내는 것이 여간 힘든 일이 아닐 것이다. 더군다나 수업이 끝나면 학원 가방을 들고 향하는 곳은 바로 아침에 배운 내용을 복습하고 문제풀이를 하는 학원들이니 얼마나 머리가 아프겠는가. 공부하기 싫어서 학교 가기 싫다는 아이들의 마음은 사실은 너무나 당연한 마음일 것이다.

아이가 공부하기 싫어서 학교 가기 싫다고 이야기할 때는 아이의 학습량을 줄여주고 신체활동 위주의 즐거운 놀이를 많이 시켜주자. 신체활동은 스트레스를 감소시켜주고 자신감을 상승시켜준다. 일상을 벗어나는 것이 조금 어색할 수도 있겠지만 나는 아이들이 힘들어하면 과감하게 학원을 줄이고 해야 할 과제를 모두 끝낸 다음에는 신 나게 놀 수 있는 시간을 준다.

초등학교 시절에는 노는 것이 남는 것이다. 노는 시간을 낭비한다고 생각하지 말자. 놀아야 생각도 지혜도 자란다. 다만 놀이 시간을 줄 때 게임을 하게 하거나 TV를 보게 하는 방법은 좋지 않다. 자극적인 매체를 접하는 것은 뇌에 더 큰 피로감을 주기 때문이다.

아이가 학교에 가기 싫어한다면 여러 가지 원인이 있겠지만 이럴 때 가장 중요한 것은 학교에 대한 신뢰를 아이에게 끊임없이 인식시켜주는 것일 것이다. 언론에서는 학교에 대한 부정적인 보도들을 연일 쏟아내고 있지만 나는 함께 근무하는 동료교사들의 아이들에 대한 무한한 사랑을 늘 눈으로 목격하고 있기에 스스로 신뢰를 굳건하게 쌓아갈 수 있었다.

부모가 가진 마인드가 어떠냐에 따라 아이의 행동이 결정된다. 부모가 먼저 학교를 사랑하고 선생님을 사랑하는 마음을 갖는다면 아이는 자연스럽게 그 마음을 닮고 배우게 되어 있다.

3월이 되면 아이들은 새로운 선생님을 맞아 탐색전을 펼치느라 분주하다. 교실에서 최고 대장인 선생님에게 잘 보이기 위해 애를 쓰는 아이들은 나름대로 이 험한 세상에서 살아남기 위한 사회적 기술을 총동원하고 있는 것이다. 엄격하고 깐깐한 선생님이든 따뜻하고 다정한 선생님이든 아이들은 나름대로 생존전략을 구상하여 선생님과 최적의 관계 맺음을 통해 일 년을 씩씩하게 잘 살아간다. 엄격하고 깐깐한 선생님이라고 생각되면 절망하는 편이며 따뜻하고 다정한 선생님이라 판단되면 뛸 듯이 기뻐한다. 선생님께 인정받고 싶어 하는 아이들의 유형을 나누어 보면 대체로 4가지 정도로 정리해볼 수 있다.

1. 모범생처럼 행동한다

항상 반듯한 자세로 앉아 수업을 듣고, 수업시간에 질문할 시간과 학습할 시간을 구분하며, 발표를 할 때는 바른 자세로 손을 들고 분명하고 똑

부러진 음성으로 하는 아이들이 있다. 모든 선생님이 인정해주고 예뻐하는 아이들의 유형일 것이다. 많은 부모님도 내 아이가 학교에서 이렇게 행동해주기를 바랄 것이다. 이와 같은 모범생 스타일의 아이들은 그 어떤 유형의 교사를 만나도 혼나지 않고 인정받으며 또래 아이들의 부러움을 한 몸에 받는다. 이처럼 반듯한 태도에 겸손의 미덕까지 갖추었다면 초등 학교생활에 대해서는 고민하지 않아도 될 유형이다. 참고로 내 아이들도 1번 유형이기를 늘 간절히 바라지만 인생은 생각같이 되지 않는다는 것을 매번 느끼며 살고 있다.

2. 애교를 부린다

유난히 선생님에게 자주 와서 애교를 부리는 아이들이 있다. 이와 같은 유형은 둘 중 하나이다. 사회성이 뛰어난 아이들이거나, 친구보다는 선생님께 정신적으로 의존하고 싶은 아이들이다. 사회성이 뛰어난 아이들은 잘못한 일이 있어도 뛰어난 화술과 미소로 금방 얼어붙은 선생님의 마음을 눈 녹이듯 녹여놓고야 만다. 이처럼 친화력이 뛰어난 아이들은 친구들 사이에서도 인기가 많다. 친구가 힘들어할 때는 위로가 되어주고 친구랑 싸웠을 때는 먼저 화해의 손을 내밀 줄 알고 학급을 위해 봉사활동에 힘쓰며 다정다감하기 때문이다.

그러나 후자는 문제가 된다. 친구들과 사귀기 어렵기 때문에 자꾸만 교사에게 다가와 애교를 부리고 말을 거는 아이들이 있다. 학기 초에 나는 이 같은 경우를 항상 눈여겨본다. 그래서 후자라고 판단이 되면 이 아이의 장점을 알아봐주고 인정해줄 단짝을 만들어주기 위해 안으로 밖으로 몰래 애를 쓴다. 그러면 곧 선생님에게 달려나오던 발걸음이 차츰 뜸해지며 친구 관계에 더 집중하는 모습을 보게 되는데, 그러한 모습을 지켜보는 것은 정말 흐뭇한 일이 아닐 수 없다.

3. 비아냥거리며 말대꾸를 한다

부모님은 의외라고 생각하겠지만, 교사의 눈에 들기 위해 이처럼 반대로 행동하는 아이들이 있다. 3번째 유형에서는 여러가지 문제가 차츰 생겨나기 시작한다. 교사도 인간이기 때문에 이 유형의 아이들의 마음을 한 번에 파악하기가 이때부터 힘들어지기 시작한다. 정말 자신의 말투가 마음에 안 들어서 하는 행동인지, 눈에 띄기 위해 하는 행동인지 헤아리기가 어려운 경우가 생겨나는 것이다.

3번째 유형의 아이들은 선생님이 수업시간에 설명할 때나 아이들에게 이것저것 부탁을 할 때 말끝마다 토를 달며 반대 의견을 내놓거나 아니면 조롱하는 말투로 대꾸한다. 예를 들면 "자, 내일은 일기예보에 기온이 많이 내려간다고 하니 옷을 따뜻하게 입고 오세요. 알겠죠?"라고 교사가 이야기하면 모든 아이는 신나서 "네!" 하고 대답하지만, "싫은데요? 전 추운 날씨가 좋아요." 하는 아이들이 가끔 있다.

"자, 오늘은 체육 할 때 남자친구들부터 내려가자. 신발 갈아 신을 때 불편하니까. 대신 다음 시간에는 여자 친구들부터 내려가고."

분명 다음 시간에는 순번을 교대해주겠다고 이야기했는데도, "우리 선생님, 남녀 차별이야. 선생님, 왜 차별해요?" 하는 아이들이 있다.

해마다 이런 아이들을 만나기 때문에 지금이야 웃으며 그냥 넘어갈 수 있는 경지에 이르렀지만, 발령 초기에는 내가 과연 무엇을 잘못했는지에 대해 한참 생각했을 정도로 힘들었다.

그러나 이러한 유형의 아이들은 교사와의 관계 맺기를 시작할 때 부정적으로 자아를 드러냄으로써 자신을 부각하려고 하는 경향이 강하므로 다른 친구들과 교우관계를 맺을 때도 상당한 어려움을 겪는다. 아이들은 어른보다 더 단순해서 칭찬해주고 격려해주어야 좋아하지, "에이~ 뭐 이래?" 하는 반응으로 다가오는 아이들을 좋아하지 않기 때문이다. 그런데 참 힘든 건 친구들이 싫어하는 반응을 보여도 별로 개의치 않는 경우가 많다는 것이다. 이와 같은 유형의 아이들일수록 긍정적인 반응이 주는 쾌감과 행복을 느끼게 해주어야 한다. 어쩌다 한 번 긍정적인 반응을 보일 때를 놓치지 말고 크게 칭찬해주자. 아이들도 어른의 노력에 따라 분명 변화를 보이기 때문에 아주 절망적이지만은 않다.

4. 엉뚱한 질문과 발표를 한다

수업시간에 가끔 엉뚱한 질문과 발표로 주위를 놀라게 하는 아이들이 있다. 예를 들면 다음과 같다.

"얘들아, 4교시 체육이니까 쉬는 시간에 미리 내려가 있어." 하고 선생님이 말씀하시면 바로 손을 드는 한 아이.

"선생님 체육 언제 해요?"

"……."

엄마들은 놀랄지 모르지만 이와 같은 일은 교실에서 하루에도 몇 번씩 일어난다. 선생님 설명을 듣지 않고 있다가 방금 설명한 내용을 다시 묻기도 하고, 선생님이 설명하는 수업 내용을 한참 듣고 있다가 꿈꾸는 듯한 표정으로 갑자기 생각났다는 듯 선생님이 설명하신 내용에 얽힌 추억을 5분 이상 이야기로 꾸며내는 아이들도 있다. 예를 들어 선생님이 북두칠성과 관련된 이야기를 하고 있을 때 설명을 중간에 끊고 시골 할머니 댁에 놀러 갔을 때 북두칠성을 보았던 이야기를 늘어놓는 식이다. 어른들의 세계에서는 보기 어려운 이 순진하고 엉뚱한 아이들은 본인이 어느 정도 실수하고 있다는 것을 알고 있긴 하지만 그래도 한마디라도 더 선생님과 나누고 싶은 마음에 수업 방해를 하는 것이기에, 많은 선생님은 이 모든 교실 상황을 웃음으로 승화시키고 계신지도 모르겠다.

아이들이 사회적인 관계를 맺기 시작할 때 어쩌면 제일 먼저 권위적인 존재로 다가오게 될 수도 있는 선생님과의 관계. 무조건 수용하고 보는 모범생들과, 일단 반항하고 보는 아이들까지 각자 나름대로 사회를 살아가는 방법을 터득하고 있는 것일 터……. 우리 아이는 어떤 곳에 속해있을지 상상해보는 것도 재미있을 것이다.

[육체적·정신적으로 성인이 되는 시기. 성호르몬의 분비가 증가하여 이차 성징(性徵)이 나타나며, 생식 기능이 완성되기 시작하는 시기로 이성(異性)에 관심을 가지게 되고 춘정(春情)을 느끼게 된다. 청년 초기로 보통 15~20세를 이른다.]

윗글은 사춘기를 정의한 국어사전의 해석이다. 사전에서는 어린이에서 육체적 정신적으로 성인이 될 준비를 하는 시기인 사춘기는 대략 15~20세 사이로 규정짓고 있지만, 학교현장에서 보는 사춘기는 보통 12세부터 시작된다고 보아야 맞다. 확실히 5학년부터는 아이들의 말투와 행동이 조금씩 달라지기 시작한다.

어떤 부분들이 달라지며 그에 따른 해결법은 무엇일까? 하나씩 살펴보도록 하자.

신체적으로 성장이 빨라졌다

신체적으로 2차 성징이 나타나기 시작하는 아이들도 있다. 여자아이들을 둔 엄마들이 가장 많이 고민하는 부분도 [성조숙증], 즉 2차 성징이 빨리 나타나는 현상일 것이다. 나도 이제 12살이 된 딸아이를 데리고 한방클리닉을 찾은 적이 있다. 또래보다 키가 크고 체중도 나가는 편이라 성장이 빨리 진행되는 것 같은 불안감에 성장발달검사를 받아보기 위해서였다. 2차 성징이 나타나면 대체로 키가 더디게 자라게 되기 때문에 아이의 키가 멈추지 않도록 현대의학의 기술을 빌리고 싶은 마음도 솔직히 있었다. 아마 딸아이를 둔 엄마들도 이 시기 많이 고민하는 부분일 것이다. 심지어 3학년을 담임할 때도 성조숙증을 고민하는 엄마들이 계셨다.

아이가 또래보다 성장이 빨리 진행된다고 생각이 될 때는 2차 성징이 오기 전에 성장클리닉을 찾아 상담을 받아볼 것을 권한다. 아이의 발달이 어느 정도 진행되었는지 의학적으로 정밀한 진단을 받아보면 앞으로 어떤 도움을 줄 것인지 명확해질 수 있기 때문이다. 신체적으로 빠른 성장을 막기 위해서는 음식물의 섭취도 신경써야겠지만, 연애담이 담긴 자극적인 TV 드라마나 영화 등의 시청을 억제해주는 것도 도움이 된다.

반항하기 시작한다

5, 6학년을 담임할 때 공통으로 듣게 되는 엄마들의 고민이 아이의 반항에 대한 것이다. 예전에는 공부하라고 하면 공부하고, 밥 먹으라고 하면 밥 먹고, 학원 가라고 하면 가던 착한 아들 딸이 '왜?'라는 질문을 던지기 시작하는 것이다. 이때가 엄마들은 가장 당황스럽다고 말한다. "내가 왜 그걸

해야 하는데?" "엄마는 어릴 때 다 잘했어?" "내가 왜 먹기 싫은 걸 억지로 먹어야 하는데?" "아, 진짜 짜증 나."와 같은 아이의 말을 들을 때면 그동안 정성을 다해 키웠던 모든 것들이 물거품이 되어 사라지는 듯한 고통에 빠진다고 한다. 그러나 부모인 우리 역시 그와 같은 시기를 거치며 살아왔음을 기억하자. 오히려 아이가 '왜?'라는 질문을 던질 수 있음에 감사하자. 의문을 품는다는 것은 그만큼 아픔을 겪으며 성장하고 있음을 증명하는 것이기 때문이다.

사춘기에 막 접어든 아이들과 대화할 때 어른들이 겪는 가장 큰 실수는 신체적으로 성숙한 아이를 성인과 같은 정서 상태라고 착각하고 이야기를 시작한다는 데 있다. 이 시기의 아이들은 신체적으로는 성숙해 보이지만 결코 성인의 정서 상태를 갖고 있지 못하다. 또한, 도파민이라는 물질이 많이 분비되어 흥분을 잘하고 위험한 일임에도 이를 인지하지 못하고 도전해 보고 싶은 충동이 강하게 일어나는 때이기도 하다. 이와 같은 특징을 이해하지 못하고 아이가 눈에 거스르는 행동을 했다고 다그치게 되면 아이는 부모와의 대화에서 마음을 닫게 될 것이다.

이성에 관심을 두기 시작한다

요즘은 5학년부터 이성 친구를 만드는 아이들이 많다. 그 이전에는 그냥 "누가 누구를 좋아한대요."라고 놀리는 수준이었다면 이때는 실제 약속을 정해 데이트를 하기도 하고 커플링도 주고받는 등 어른의 시선으로 보면 본격적인 '연애'를 시작하는 시기가 되는 것이다. 이성에 관심을 두기 시작하면서 제일 먼저 외모에 신경을 쓰기 시작하는데 엄마들은 아무래도 아이들의 이런 모습을 낯설게 느끼는 것 같다.

매일 아침 부스스한 머리를 홀홀 털고 옷도 아무거나 대충 걸치고 부리나케 학교로 달려가던 아들이 아침 일찍 일어나 깨끗하게 머리 빗고 왁스도 좀 발라주고 브랜드 옷 타령을 하고 있으면 엄마들은 기가 막힌다는 게 대체적인 반응이다. 그러나 아들과 딸의 이러한 모습도 사실 우리의 과거 모습이었음을 기억하자. 이성 친구에 대한 해결방법은 이 책 본문 중 '커플이 되고 싶은 아이들의 심리' 편에 자세히 나와 있다.

부모와 함께하기보다는 친구들과 어울리기를 좋아한다

4학년 담임을 할 때의 일이다. 5월쯤 되었을까, 한 여학생의 아빠에게 장문의 편지를 받았다. 딸이 작년까지는 잠도 같이 자고 애교도 떨며 아빠와 시간을 보내줬는데, 이제는 같이 잠자려고 하지도 않고 말도 잘 걸지 않는다는 것이다. 아빠로서 너무 슬프고 어떻게 대해야 할지 모르겠다는 편지는 앞으로 내가 겪을 문제인 것 같아 크게 공감되었던 기억이 있다.

아이들은 자랄수록 점점 정서적으로 부모에게서 독립해나간다. 이는 거부할 수 없는 성장 과정이니만큼 인정하고 받아들여 주자. 친구와 어울리기를 좋아한다면 건전하게 어울릴 수 있는 장소를 제공해주고, 친한 친구의 가족과 여행을 함께 가는 방법으로 부모와도 어울릴 기회를 만들어주면 좋다.

그러나 아이가 친구와 어울리기를 좋아한다고 부모 역시 아이와 대화를 소홀히 하고 개인 활동에만 지나치게 치중한다면 가정 안에는 점점 고립되어 갈 것이다. 아이가 원할 때는 언제든지 대화의 상대가 되어주어야 함을 기억하자.

 ### 정서 변화를 겪고 있는 사춘기 아이와 대화하는 방법

❶ 분노를 자제하고 아이의 말을 끝까지 경청한다

아이가 버릇없는 행동을 하거나 반항을 하면 부모 역시 사람인지라 분노의 감정이 생기게 된다. 그럴 때는 크게 호흡을 하고 잠시 생각을 멈춘 다음 이야기를 시작하는 것이 좋다. 아이의 말을 끝까지 경청하다 보면 아이가 왜 반항하는 말을 하게 되었는지 이해할 수 있게 된다. 아이들도 나름대로 이유가 있기 때문에 반항한다는 것을 이해하자.

❷ 아이의 존재를 부정하는 말을 하면 안 된다

5학년으로 접어들면 아이들은 인정받고 싶은 욕구를 마음속으로 감추기 때문에 어른들이 알아차리기 어려운 경우가 많다. 그러나 아이들은 인정받고 싶어 하고 자신의 존재를 돋보이고 싶어 한다. 그런데 이러한 시기에 아이의 행동이 잘못되었다고 해서 "네가 그러면 그렇지." "네가 잘하는 게 뭐가 있니?" "도대체 넌 왜 이 모양이냐?"와 같은, 아이의 행동이 아닌 아이의 존재 자체를 부정하는 말을 듣게 되면 아이들은 엄청난 심리적 충격을 받게 된다. 아이를 나무랄 일이 있을 때는 분명하게 아이가 잘못한 행동을 가지고 이야기를 해야 한다.

"수지야, 학원공부 끝나고 와서 피곤했구나. 그래도 방 청소 정도는 할 수 있겠지? 앞으로는 10분이라도 좋으니 청소를 하고나서 해야 할 일을 마무리하도록 하자."가 "어이구, 넌 도대체가 글러 먹었지. 방 꼴이 이게 뭐니? 청소하지 못해?" 하고 이야기하는 것보다 훨씬 더 효과적인 대화법임을 명심하자. 아이의 존재감을 부정하는 말은 아이의 자존감을 무너뜨리는 급행열차가 된다.

❸ 협박하지 않는다

협박은 해서는 안 되는 말인 줄 알면서도 가끔 나도 저지르는 실수이다. 협박을 자주 하게 되면 아이들은 언어폭력으로 기분이 나쁘면서도 결국 그와 같은 일은 일어나지 않으리라는 것을 알기에 말을 듣지 않는 결과를 가져올 뿐이다. 피해야 할 협박성 멘트는 다음과 같다.

"너 한 번만 더 이렇게 성적 받아오면 쫓아낼 거야."

"죽을래? 한 번만 더 이런 식으로 행동해봐. 속옷 차림으로 내쫓아 줄 테니."

"너, 이번 시험 망치면 보육원에 갖다버릴 거야. 얼른 공부하지 못해?"

❹ 가장 훌륭한 대화법은 공감하기다

아무리 사춘기라 해도 아이들은 아이들이다. 학교에서 선생님에게 반항하고 제멋대로 행동하는 아이들과 대화할 때 나는 다른 아이들이 없는 장소로 조용히 불러내 눈을 마주치며 대화하는 방법을 사용하곤 하는데, 이 방법은 10명 중 8명 정도에게는 잘 통하는 방법이기도 하다.

"아, 네가 그래서 무척 힘들었겠구나. 선생님이 이렇게 이야기해서 속상했겠구나."와 같이 아이의 마음을 읽어주고 일단 공감해주면 많은 아이는 눈물을 뚝뚝 흘리며 자신의 잘못까지 함께 시인한다. 그리고 마음의 문을 열게 된다. 아이의 마음속에 있는 말을 다 들어준 다음 꼭 안아주고 손을 잡아주며 앞으로 아이가 이렇게 행동해주었으면 좋겠다는 이야기를 짧게 해주고 대화를 마무리한다.

공감할 때도 역시 아이가 잘못한 행동에 대해서는 지적해주고 넘어가야 함을 잊지 말자. 그렇게 이야기해주지 않으면 아이는 왜 자기가 상담을 받았는지 모르고, 같은 잘못을 반복할 수 있다.

PART 2에서는 엄마 아빠는 짐작하기 힘든 초등 학교생활의 민감한 심리문제에 대하여 살펴보았다. 이제 본격적으로 3월부터 이듬해 2월까지 이어지는 초등 학교생활을 알차게 꾸리는 법에 대하여 살펴보기로 하자. 월별 생활법만 제대로 익혀둔다면 우리 아이 초등 학교생활은 똑소리나게 꾸릴 수 있을 것이다.

PART 3

엄마가 꼭 알아야 할
초등생활 완전정복

무엇이든 일일이 아이의 모든 것을 다 해주어야만 속이 시원한 우리나라에서는 초등학교 입학이 엄마들에게 공포 그 자체로 다가온다. 유치원 때까지만 해도 선생님이 아이의 배변까지 알아서 다 처리해주지 않았는가. 또 내 아이가 공부를 잘하는지 못하는지 역시 다른 아이들 사이에서 드러나지 않으니 학과공부를 시켜야 하는 스트레스도 없다. 이것저것 아이 키우는 데 드는 육아비용 부담만 제외한다면, 말귀도 알아듣고 보살펴주는 손길도 많은 유치원 시절이야말로 황금기가 아닐 수 없다.

이렇게 편안한 생활에 젖어 있다가 막상 초등학교에 입학할 시간이 다가오면 엄마들의 불안감은 상상의 나래를 펼치고 꼬리에 꼬리를 물고 이어진다. 특히 아이의 행동 하나하나가 어설프게 느껴지는 부모님의 불안감은 더 하다. 졸지에 초등학교 선생님들은 하나같이 상상 속에서 깐깐하고 엄격하고 냉정한 사람들로 생각되고, 성적으로 아이들 줄 세우기에 급급한 모습으로 여겨진다. 과연 귀하게만 자라온 내 아이 어떻게 준비하면 마음 편안하게 1학년 생활을 잘 해낼 수 있는 것일까?

기본 생활습관이 중요하다

1학년 아이들에게 가장 중요한 것은 기본 생활습관이 얼마나 몸에 잘 배어 있느냐는 것이다. 1, 2학년 때는 유치원 때와 마찬가지로 공부 때문에 아이들의 서열이 매겨지지는 않는다. 따라서 1학년을 준비한답시고 영어와 한자를 비롯하여 수학책을 들고 아이를 힘들게 하지 않아도 된다.

1학년 시절에 친구들과 선생님의 눈에 확 들어오는 아이들은 대체로 기본적인 생활을 잘 해내는 아이들이다. 줄을 서는 법, 식사예절을 지키는 법, 식사 후 손을 씻는 법, 선생님이 전달한 내용을 집에 잘 전달하는 법, 배변 후 뒤처리를 잘하는 법, 친구 간 관계를 원만하게 이끌어 내는 법, 선생님을 비롯해 어른들께 공손하게 인사하는 법, 참고 기다릴 줄 아는 법 등등. 일상생활에서 기본 생활습관을 미리 잘 익혀서 온 아이들은 적응이 빠르다. 그리고 그러한 행동은 같은 반 친구들에게 모범이 될 뿐만 아니라, 친구들과 선생님께 인정받는 계기가 되고, 또한 아이의 자신감으로 이어져 새 학년에 진급할 때에도 좋은 영향을 미치게 된다.

완벽한 문장으로 말하기가 중요하다

1학년 공부는 그다지 어렵지 않다. 그러므로 우리 아이가 과연 공부를 잘할 수 있을까 하는 걱정으로 1학년 대비 공부를 많이 시킬 필요는 없다. 그러나 학습을 시작하는 시기인 만큼 앞으로 초등학교 6년 동안 학습을 할 수 있는 기초적인 능력을 닦아야 한다.

그중 하나가 바로 완벽한 문장으로 말하기이다. 1학년 아이들에게 말을 잘하는 아이는 곧 '공부 잘하는 아이'로 통한다. 선생님의 질문에 잘 아는 답, 혹은 답을 잘 모르더라도 분명하고 정확한 발음으로 완벽한 문장을 구사하며 의사표현을 하는 아이는 발표 왕으로 불리게 된다. 말하기는 평소 가정에서 꾸준한 연습이 필요하다. 엄마와 아이가 나누는 대화가 거의 반말투성이거나 짜증이나 훈계만으로 이루어지는 환경에서는 길러지기 어려우니, 평소 아이와 많은 대화를 나누되 유의미한 내용을 이끌어낼 수 있는 허용적인 분위기에서 대화를 하는 것이 좋다.

또한, 말하기는 사고 작용을 통해 입 밖으로 말이 나오는 과정을 겪게 되므로 아이가 스스로 생각할 수 있는 시간을 충분히 주고 아이의 의견을 먼저 물어보고 아이의 의견에 귀를 기울여주는 태도 또한 필요하다. 이때 게임과 TV를 많이 접한 아이들은 종합적인 사고능력이 떨어져 조리 있게 말하는 능력이 길러지기 어려우므로, 그 양을 줄이거나 될 수 있으면 노출하지 않는 것이 좋다.

진득하게 책상에 앉아있을 줄 알아야 한다

왜 학교에서는 재미있게 가르치지 않느냐는 말을 하는 분들이 더러 있다. 맞는 말이다. 초등학교 수업은 유치원 수업처럼 재미있지 않다. 그러나 많은 선생님은 재미있게 가르치기 위해 열심히 노력하신다.

하지만 교과내용을 깊이 있게 소화하기 위해서는 재미 요소를 배제할 필요도 있다. 특히 내용이 어려워지는 단계에서는 재미 때문에 정작 중요한 학습 목표를 달성하지 못하게 될 수도 있기 때문이다. 유치원 때는 놀이와 활동 위주의 교육이었다면, 초등학교 때는 차츰 깊이 있는 사고와 나의 의견을 표현하는 능력이 요구되는 까다로운 교육과정으로 바뀌게 되는 것이다.

중요한 것은 약간 지루한 수업도 진지한 태도로 경청할 수 있어야 한다는 것이다. 이때 요구되는 정서적 능력이 바로 '인내' '절제' '끈기'와 같은 요소들이다. 뭐든지 쉽게 싫증 내고 짜증 내는 아이들은 바로 이 과정에서 삐걱대기 시작한다. 인내, 절제, 끈기와 같은 정서적 요인들을 아이에게 심어주기 위해 과거에는 권위적인 훈육을 했다. 그러나 권위적인 훈육은 아이들에게 인내심을 길러줄 수 있을지는 몰라도 아이의 자존감을 깎아내리고 아이를 주눅들게 만드는 요인이 되기도 한다.

아이의 기를 꺾지 않으면서 아이의 인내심을 길러주는 방법은 아이에게 약간 어려운 도전과제를 주어 부모가 함께 극복해내는 연습을 꾸준히 하는 것이다. 예를 들면 등산은 인내심을 길러줄 수 있는 좋은 방법이다. 2km 정도의 가벼운 트레킹 코스부터 시작해 조금씩 그 길이를 늘려나가면 아이의 인내심도 더불어 길러진다. 등산을 자주 하기 어려우면 가벼운 운동을 하는 것도 좋다. 줄넘기 같은 도전과제를 주고 하루에 조금씩 그 도전 양을 늘려가며 아이가 성취하는 기쁨도 함께 느끼게 하면, 끈기 있는 아이로 자라는 데 큰 도움이 된다.

여기서 관건은 처음에 너무 어려운 과제를 주지 않는 데 있다. 실천이 가능하도록 약간 어려운 도전과제를 준다면 꾸준한 연습을 통해 참아내고 인내하며 성공의 기쁨도 함께 맛볼 줄 아는 아이로 자랄 수 있다.

상대방의 의견에 귀 기울여 들을 줄 알아야 한다

초등 학교생활 중 아주 많은 부분은 '듣기능력'이다. 선생님의 전달사항을 제대로 듣지 못한 아이들은 상을 탈 기회도 놓칠 수 있고, 시험에 나오는 문제도 놓칠 수 있고, 숙제와 준비물도 잘 못 챙기게 될 뿐 아니라, 결국 준비성 없는 아이가 되어 다른 아이들에게 원망과 질책을 듣게 되기도 한다.

잘 들을 수만 있다면 절반 이상은 해결되는 셈이다. 잘 듣는 자세는 상대방을 존중하는 정서적인 태도와 무엇인가 잘 해보고자 하는 적극성도 함께 내포된 것이다. 잘 듣는 아이들은 대부분 부모님이 먼저 아이의 말을 잘 들어주는 경우가 많다. 아이가 말을 할 때 중간에 자르거나 못 들은 척하거나 다른 말을 하지 않고, 아이가 일단 무슨 의견을 말하는지 잘 들어줄 필요가 있다. 잘 듣는 아이들은 곧 내 의견을 명확하게 표현하는 데도 주저함이 없어진다. 결론은 내 아이의 말을 부모가 먼저 잘 들어주자!

두려워하지 마라! 걱정하지 마라! 다 챙겨주는 1학년이 아니라 스스로 하는 아이로 자라게 하는 1학년이다

직장맘들은 1학년 입학을 시켜놓고 직장을 그만두어야겠다는 생각을 많이 한다고 한다. 유치원 때는 도와주는 손길이 많지만, 1학년 아이들에게는 짧은 오전 수업이 끝나면 그야말로 허허벌판에 아이를 내놓은 것과 마찬가지가 되기 때문이다. 그러나 직장 다니며 세 아이 모두 초등학교 1학년이라는 긴 터널을 빠져나온 나로서는 이렇게 조언해주고 싶다.

"두려워하지 마라! 걱정하지 마라! 다 챙겨주는 1학년이 아니라 스스로 하는 아이로 자라게 하는 1학년이다."라고 말이다.

나는 아이들 모두에게 단 한 번도 준비물을 챙겨준 적이 없다. 해준 게 있다면 알림장에 사인해 주고, 받아쓰기 숙제가 있으면 연습 한 번 시켜주고, 이 정도만 해줬다. 챙겨줘 버릇하면 아이들은 자기 주도적인 능력을 잃어버린다. 큰아이와 둘째 아이 모두 준비물을 한 번 안 챙겨가서 학교에서 창피당한 경험이 있다. 그 이후로는 무슨 일이 있어도 밤이 늦더라도 엄마 아빠를 닦달해서 준비할 물건들을 다 챙겨갔다. 챙겨라, 챙겨라 입 아프게 설명해주는 것보다 한 번의 뼈아픈 경험이 아이들에게 더 큰 밑거름이 된 것이다. 그러나 아이가 지속해서 준비물을 챙겨가지 않거나 아이 스스로 가방이나 책 관리를 못하고 있을 때는 살펴주고 체크해주는 것이 필요하다.

나는 직장일과 글 쓰는 일 등으로 몸이 열 개라도 모자랄 만큼 바쁘기에, 아이들의 오후 시간 역시 아이들 자유에 맡겼다. 운동과 컴퓨터, 피아노를 배우는 딸아이와 바이올린을 배우는 둘째 아이는 학원 수업이 없는 시간에는 주로 학교 도서관에서 보냈다. 그 역시 1학년에 처음 입학하며 도서관부터 데려가서 연습시켜준 결과이다. 오후 시간을 자유롭게 책을 읽고 운동하며 보내고 엄마가 퇴근하면 그 이후부터는 엄마와 함께 숙제도 하고 공부도 하고 일기도 쓰며 하루를 마무리했다.

챙겨주지 못한다고 마음 아파하지 마라. 원래 스스로 챙기는 연습을 먼저 한 아이들이 더 빨리 많은 것을 터득할 수 있다. 몸을 혹사해가며 아이들 스케줄을 관리해주는 알파맘이 되려고 하지 말고, 아이 스스로 스케줄 관리가 몸에 익을 수 있을 때까지 지켜봐 주는 그런 엄마가 되자. 이 시기에 기다려주지 못하면 아이는 평생 엄마의 손에서 벗어나지 못하게 된다.

1·2학년 시기의 아이들은 도덕적이기 때문에, 이렇게 저렇게 해야 한다고 방향만 잡아주면 대부분 그렇게 한다. 그리고 그 생활이 습관화되는 것이다. 그러나 해줘 버릇한 아이들은 그마저도 습관화되지 않아, 늘 엄마의 손길이 필요하게 된다.

학교를 믿고 선생님을 믿어라

인터넷 육아 포털 사이트에 가보면 선생님에 대한 험담으로 게시판이 도배된 모습을 자주 보게 된다. 아이가 아닌 부모가 되어 제대로 된 객관적 사실에 관한 확인 없이 이럴 것 같다, 저럴 것 같다는 것과 같은 카더라 통신에 현혹되어 아이를 맡아 주시는 고마운 분에 대해 험담하는 모습을 보면 안타까운 마음이 들 때가 한두 번이 아니다.

이 사회가 언론 매체를 통해 끊임없이 교사를 비난하고 있지만, 그래도 나는 아이 셋을 공교육에 자신 있게 믿고 맡기고 전적으로 신뢰를 보내 드리고 있다. 그 이유는 나 역시 공교육에 종사하며 부모님의 '~카더라' 통신과는 달리 헌신적으로 아이들을 생각하고 위하는 선생님들을 곁에서 지켜보며 생활하고 있기 때문이다. 이런 분들이 대부분이라서 아무런 걱정 없이 아이를 학교에 보낼 수 있다. 나 역시 그런 좋은 교사가 되기 위해 부단히 공부하고 노력하고 있다.

학교에 대한 부모의 믿음의 크기는 학교에서 아이가 보여주는 행동과도 연결된다. 믿고 신뢰하는 만큼 많이 여쭤보고 도움을 구하는 것이 좋다. 학교를 신뢰하고 선생님을 믿는 부모에게 입을 다물 교사는 없다. 선생님이 일 년 동안 든든한 지원군이 되어준다면 아무리 두려운 1학년 생활이라도 걱정 없이 헤쳐나갈 수 있을 것이다.

위에 제시된 내용만 잘 지킨다면 초등학교 생활만큼 재미있는 생활이 또 평생 어디에 있을까? 어른들은 만들어진 삶을 되새기며 살아가지만, 아이들은 삶을 스스로 디자인하고 만들어가며 살아간다. 미리 도안된 그림을 주며 지키라고 하지 말고 아이 스스로 만들어가는 삶을 지켜봐 주자. 그 시작이 바로 초등학교 1학년이다.

일 년의 첫출발!
초등 3월 생활법

3월의 중요한 학교행사

- 개학식, 입학식
- 전교임원, 학급임원 선거
- 임원수련회
- 계발활동 조직

- 신입생 학부모 연수
- 교과학습진단평가
- 학부모 상담주간, 학부모총회

학기 초만 되면 엄마도 선생님도 아이들도 모두들 정신이 없다. 새로운 환경에 적응해야 하기 때문이다. 아이들은 일 년 동안 정들었던 담임선생님과 헤어져 새로운 선생님과 만날 때 기대 반 걱정 반으로 잔뜩 스트레스 상태가 된다. 엄마와 아이들이 긴장하는 만큼 선생님도 긴장하고 계시다는 것을 안다면 좀 편안해지지 않을까? 지난 아이들에게 적응했던 순간에서 벗어나 새로운 아이들을 맞이한다는 것은 설렘 반 긴장감 반. 해마다 3월은 선생님들에게도 아주 떨리는 순간이다. 혼란스러우면서도 힘든 3월을 어떻게 하면 현명하게 극복할 수 있을까? 어떻게 하면 일 년의 첫 출발을 희망차게 시작할 수 있을까? 그 방법을 지금부터 살펴보자.

알림장 꼭 챙기자 _알림장은 학교와 가정 사이에 오고 가는 소통의 문이다

알림장은 매일매일 확인해야 한다. 에이, 그것쯤이야 어느 부모나 다 하는 일이지, 하고 생각하는 분들이 계신지 모르겠다. 그러나 뜻밖에 100만 원짜리 사교육을 시키면서 알림장은 확인하지 않는 부모님이 너무 많다. 알림장은 학교와 가정 사이에 오고 가는 소통의 문이다. 알림장을 부모님이 잘 확인하는 아이들은 대부분 학교생활도 성실하게 잘한다. 이유는 부모님이 아이의 일거수일투족을 체크해서가 아니라, 매일 확인하고 점검하는 생활태도가 아이들 몸에 배기 때문이다.

학습은 생활습관과 밀접한 관련이 있다. 규칙적인 생활습관이 몸에 밴 아이들은 학습도 어려워하지 않고 체계적으로 해낼 수 있게 된다. 알림장이 바로 그 첫 단추를 끼우는 출발점이 된다. 알림장을 확실하게 검사한 후 아이가 스스로 준비물과 숙제를 챙기도록 부모는 도와주면 된다. 또 알림장을 잘 읽어 보아야 학교가 어떻게 돌아가는지 빠르게 상황을 파악할 수 있어 중요한 대회라던가 중요한 학교일정을 놓치지 않을 수 있다.

학사력 미리 챙기자

일 년 동안 학교행사가 어떻게 진행되는지 그 내용이 담긴 학사력은 아

마 학교별로 달력이나 벽보의 형태로 제작하여 가정에 나누어 줄 것이다. 학사력이 배부되면 꼭 챙겨서 일 년 활동을 미리 계획하는 데 차질이 없도록 해야 한다. 예를 들어 우리 아이가 영어에 관심이 많은 아이라면 교내 영어말하기 대회가 몇 월에 있는지 미리 학사력을 통해 알아보고 대비를 해야 교육청과 전체 시·도별 대회에 참가하는데 차질이 없다. 직장맘들은 이 부분이 취약하기 때문에 부지런히 학교에서 제공하는 정보를 잘 챙겨 두어야 한다. 학년교육과정과 관련한 학교행사 안내는 학교홈페이지 공지 사항 게시판에서도 확인이 가능하다.

우리 아이에 대한 정보, 선생님께 확실하게 알려 드리자

가끔 아이의 문제행동이 심각한데도 선생님께 미리 알리지 않는 분들을 보게 된다. 엄마들끼리 선생님께 아이의 특징에 대해 미리 말하면 괜히 흉된다고 이야기하지 말 것을 권유하는 풍토가 있다. 그러나 일상적인 문제 행동이 아닌 ADHD나 아스퍼거증후군처럼 특수한 경우라면 반드시 선생님께 알려야 한다.

특히 ADHD인 아이의 상태를 학교에 정확하게 알리지 않으면 학습부진이나 산만하면서 폭력적인 아이로 분류되어 자주 꾸중을 듣게 되거나, 친구들의 비난을 받으며 학교생활을 하게 되므로, 학기 초에 먼저 아이의 상태에 대해 말씀드리고 도움을 요청하는 것이 좋다. 아이의 문제행동을 덮어두기보다는 아이가 이러이러한 성향이 있으니 이렇게 지도해주시면 도움이 될 것이라는 정보를 드리고 적극적인 도움을 요청한다면, 마다할 선생님은 아무도 없을 것이다. 또 틱이 있다든지, 주의 깊게 살펴주어야 할 신체적인 상처가 있는 아이들도 미리 알려 드리자.

선생님과 상담할 땐 이렇게 하자

아이가 아프거나 병원에 다녀올 일이 있을 때는 선생님께 핸드폰 문자나 학교전화로 알려 드리면 된다. 특별히 학부모총회가 아닌 다른 날에 상담이 필요할 때는 상담사유를 밝히고 알림장에 약속 가능한 시간을 표시한 다음 여쭈어보거나, 개인적으로 전화를 드리는 것이 좋은 방법이다. 문자나 전화는 될 수 있으면 근무시간 내에 드리는 것이 좋으며 아무 예고 없이 학교를 방문하는 것은 되도록 피하는 것이 좋다. 요즘은 학교마다 일정이 바쁘게 돌아가기 때문에 선생님이 출장을 가실 수도 있고 긴급한 회의가 잡힐 수도 있기 때문이다.

아이들이 하교한 다음부터 퇴근 직전의 시간이 오히려 선생님에게는 더 바쁜 시간이다. 미리 약속 시각과 사유를 정해서 만나면 선생님도 아이에 대한 자료를 충분히 준비해서 상담에 임할 수 있기 때문에 더욱 내실 있는 대화를 나눌 수 있다. 그리고 될 수 있으면 학부모총회는 꼭 참석하여 내 자녀 친구의 엄마들과 인사를 나누고 담임선생님의 학급경영관도 귀 기울여볼 것을 권한다. 학부모총회는 일 년 동안 흘러갈 학급의 흐름을 정리하여 들을 수 있는 가장 좋은 기회이니 빼먹지 말자.

숙제와 준비물 꼭 챙기자

선생님들과 이야기하다 보면 요즘 아이들은 학원 숙제가 너무 많아서 정작 학교 숙제를 낼 때 고민이 된다는 말씀을 많이 하신다. 사회에서는 수많은 학원이 범람하고 있지만, 정작 아이들을 가르쳐보면 학교숙제를 야무지게 해오는 아이가 학급에서 절반도 안 된다. 실제 학업성적은 학원을 많이 다니는 아이보다 숙제와 준비물을 잘 챙겨오는 아이들이 월등하게 높다. 숙제와 준비물을 챙겨온다는 것은 생활태도가 그만큼 체계적으로 잡혀있다는 것을 의미하기 때문이다.

학습은 규칙적인 생활태도와 밀접한 관련이 있다. 방과 후에는 방 정리를 마친 후 학교숙제와 준비물부터 점검하고 다른 활동을 하는 생활습관을 길러주어야 하는 시기가 바로 3월이다. 특히 1학년의 경우 3월 한 달만 잘 훈련해도 일 년 동안 숙제와 준비물을 챙기는 습관을 지속할 수 있다. 아이가 스스로 할 수 있도록 방향만 잡아주어도 아이의 학습태도는 눈에 띄게 달라질 수 있다.

선생님과 친구들에 대한 긍정적인 시선이 학교생활을 즐겁게 하는 첫걸음이다

가끔 학기 초가 되면 아이들의 태도와 표정에서 엄마의 모습을 보게 된다. 선생님에 대한 긍정적인 마음가짐으로 친근하게 대하며 예의 바르게 행동하는 아이들은 엄마도 아이들에게 그와 같이 교육하고 있는 경우가 많다.

가르침을 주시는 분에 대한 무한한 존경과 사랑의 마음은 부모의 가르침에서부터 출발한다. 타인에 대한 긍정적인 시선과 타인을 존중하는 태도는 스스로 사랑받으며 자라는 아이들로 만들어준다. 아이 앞에서 선생님과 아이 주변의 소중한 친구들에 대해 긍정적으로 이야기해주자. 아이는 그 모습 그대로 학교에서 실천할 것이다. 사랑을 실천하는 아이들은 그 배 이상의 사랑을 받으며 자라게 된다. 타인에 대한 긍정적인 시선은 학교에서 대인관계를 형성하는 매우 중요한 열쇠가 되어 줄 것이다.

3월은 분명 바쁜 달이다. 모든 것이 순리대로 제자리를 찾아가기 위해 걸음마를 떼기 시작하는 달이기 때문이다. 밥 먹는 것도 생활하는 것도 습관형성이 중요하듯 학교생활도 습관형성만 잘되면 어려울 것이 없다. 아이가 스스로 하게끔 배려하되, 해야 할 것은 꼭 할 수 있도록 격려하며 현명한 3월을 보내시기를 바란다.

 **즐거운 학교생활을 위한 초등 선생님들의 생생한 조언**

아이가 학교에서 잘해낼 거라고 믿어 주세요. 더불어 선생님도 믿어 주세요. "내 아이는 그럴 리 없다."며 마음을 닫아버리는 순간 선생님의 조언은 필요 없어집니다. 선생님은 부모만큼 아이를 사랑할 수는 없겠지만, 선생님이기에 조금은 더 객관적으로 아이를 볼 수 있습니다.　　　　　　– 율모 선생님

아이들 앞에서 선생님을 비판하는 말을 하지 말아 주세요. 엄마의 말 한마디로 좋은 선생님이 나쁜 선생님으로 인식되어 배울 게 없어지니까요. 배우는 학생에게는 선생님에 대한 존경이 필요합니다. 저는 학부모총회 때 선생님을 믿고 따라 달라고 꼭 말씀드려요.　　　　　　– 달콤상자 선생님

물티슈와 두루마리 화장지 사물함에 넣어놓고 사용한다. 사용빈도가 높은 물품이므로 떨어지지 않게 주의 깊게 챙겨주자.

A4 파일 학습지와 각종 수업결과물을 정리하는 데 사용하는 물품이다. 경우에 따라서는 B4 파일을 사용하는 학교도 있으므로 학기 초 선생님의 안내에 따르도록 한다.

투명파일 얇은 투명파일에 이름을 써서 가지고 다닐 수 있도록 한다. 가정통신문을 휴대하고 다닐 때 사용한다.

무제 공책 3권 깔끔한 디자인의 무제 공책을 준비한다. 스프링 노트나 하드커버 노트는 불편하므로 평범한 무제 공책을 사용하는 것이 좋다.

알림장 학교와 가정을 연결해주는 중요한 공책이다.

특수과목 공책(영어, 음악, 한자) 학년별 용도에 맞게 준비한다.

사인펜, 색연필 초등학교에서 사용빈도가 높은 개인 물품이므로 낱개 별로 이름을 꼭 표기해서 보관한다.

네임펜 물건에 이름을 쓸 때 필요하다.

헝겊필통 게임기가 붙어있거나 딱딱한 재질의 필통은 구매하지 않는다. 수업 시간에 아이들은 집중력이 약해 작은 자극에도 금방 시선이 분산된다. 딱딱한 플라스틱 필통을 떨어뜨리면 교실 이곳저곳에서 큰 소리가 나게 되므로 수업에 큰 방해가 되므로, 헝겊으로 된 필통을 준비하자.

연필, 15cm 자, 지우개 샤프는 쓰지 않는다. 샤프를 쓰면 필체가 흐트러지게 된다. 헝겊필통에 쏙 들어가는 15cm 자는 수업에 쓰임새가 많으므로 꼭 준비하며, 지우개는 화려한 디자인보다는 깨끗하게 지워지는 하얀 고무 지우개가 가장 좋다.

안전가위 가위도 수업시간 중에 다양하게 쓰이므로 꼭 준비하고, 저학년
은 안전을 고려하여 안전가위로 준비한다.

딱풀, 색종이 한 묶음 딱풀과 색종이는 학교 자료실에 있지만, 수업시간
에 수시로 사용하는 경우가 많으므로 사물함에 넣어놓고 다니면 편리하다.

파일박스 교과서와 파일을 보관하는 보관함을 준비해야 할 경우가 가끔
있다. 학급별로 달라지므로 학기 초 선생님의 안내에 따르도록 한다.

가림판 2개 학교에서 단원평가를 볼 때 필수준비물이다. 두꺼운 종이 서
류철을 사용하도록 한다.

깨끗한 걸레 낡은 수건을 걸레로 사용하면 좋다. 학기 초에 선생님의 안
내에 따르도록 한다.

미니비와 빗자루 세트 역시 학급별로 다르므로 선생님의 안내에 따른다.
자리를 간단하게 쓸고 정리하는 용도로 사용된다.

모든 준비물에는 꼭 이름을 쓴다

라벨 프린터를 이용해도 좋고 라벨지에 예쁘게 디자인한 이름을 한꺼번에 인쇄해서 스티
커처럼 붙여줘도 좋아한다. 네임펜을 준비하면 어떤 재질에도 쉽게 이름을 쓸 수 있다.

학교생활과 공부의 기초를 다지는
초등 4월 생활법

4월의 중요한 학교행사

- 도서바자회
- 과학탐구토론대회
- 구강검진
- 현장체험학습
- 발명품경진대회
- 과학의 달 행사
- 신체발달검사

4월은 아이들에게 서서히 학교생활에 적응하며 공부의 기초를 다져나가고 친구들과 본격적으로 즐거운 관계를 시작하는 달이다. 그러나 4월은 여러 가지 행사가 많이 열리기 때문에 3월만큼이나 바쁘게 흘러가는 달이기도 하다. 4월의 주요행사들을 차근차근 살펴보며 행사에 대한 대비 방법과 지혜로운 4월 학교생활법을 알아보도록 하자.

도서바자회

학교마다 다르지만, 도서바자회를 여는 학교가 많다. 학년별 필독·권장 도서를 저렴한 가격에 구매할 수 있어, 도서바자회를 잘 활용하면 일 년 독서활동에 많은 도움을 받을 수 있다. 도서바자회가 열리면 먼저 아이가 보고 싶은 책 목록과 학년별 필수·권장 도서목록을 선정해서 꼭 구매해야 할 책과 학교도서관에서 대여할 책으로 분류한다. 친구들끼리 목록을 정해 서로 다른 책을 구입한 다음 바꿔 읽는 것도 책값을 절약하는 데 도움이 된다.

나는 아이들과 학교도서관도 많이 이용하지만 정말 잘 만들어졌다고 생각되는 책은 구입해서 읽는다. 그리고 아이들에게 꼭 필요한 책들은 목록을 만들어두었다가 학교에서 열리는 도서바자회를 요긴하게 이용한다.

발명품경진대회

발명에 관심 있는 4, 5, 6학년 어린이들이라면 참가해볼 만한 대회이다. 희망자에 한해서 이루어지는데, 발명품경진대회가 공고되고 창작한 발명품을 걷기까지의 시간이 매우 촉박하므로, 미리 학사력을 통해 일정을 확인한 어린이들은 3개월 전부터 작품을 구상해놓는 것이 좋다. 학교에서 벌이는 발명품경진대회에서 좋은 성적으로 수상하면 지역교육청에서 시행하는 발명교육을 무료로 받을 수 있는데, 우수한 강사 선생님을 모시는 수준 높은 수업이기 때문에 발명에 관심 있는 어린이들에게는 다시없는 좋은 기회가 될 것이다. 또 학교별 발명품경진대회에서 입상하면 다시 지역교육청별 경진대회에 출전할 수 있는 자격을 주며 지역교육청에서 입상하면 시·도별 대회에 출전할 수 있는 자격을 준다. 과학 관련 진학을 꿈꾸고 있는 어린이들이라면 초등학교 때부터 차근차근 준비해보자.

발명 관련 사이트

- 한국발명진흥회: http://www.kipa.org
- 한국발명진흥회블로그: http://blog.naver.com/smartkipa/
- 특허청 발명교육센터: http://iec.kipo.go.kr/
- 사이버발명교실: http://www.inv21.net/
- 한국과학발명놀이연구회: http://www.waterrocket.com/
- 한국학교발명협회: http://www.kasi.org/
- 발명교육 교수·학습 지원센터: http://www.ip-edu.net

과학의 달 행사

4월 21일 과학의 날을 맞이하여 각 학교에서는 다채로운 과학의 달 행사가 열린다. 행사는 대부분 4월 초에 집중되어 있기 때문에 과학에 관심 있고 참여를 원하는 어린이들은 미리 준비물을 마련해서 연습해보며 대회를 대비하는 것이 좋다.

1~6학년 어린이들이 모두 참여하는 대회로는 과학상상화 그리기와 과학 글짓기 대회가 있다. 인터넷에 워낙 많은 예시작품과 수상작품들이 돌아다니고 있기 때문에 교사들의 가장 중점적인 평가기준은 창의성이다. 어디서 본 듯한 그림들, 예를 들면 우주정거장이라든지 해저터널과 같은 그림은 가능하면 수상작품에서 배제하는 경우가 많다. 대회가 열리기 전에

아이가 스스로 자신만의 독특한 상상의 나래를 펼치고 정리하는 시간을 마련해보자. 각 학교에서 열리는 과학의 달 행사 내용은 다음 표를 참고하면 이해가 쉬울 것이다.

대회명	준비물	상세 안내
기계 과학대회	과학상자 6호, 드라이버, 충전식 전동드라이버 사용 가능	• 과학상자의 내용물을 사용하여 주제와 시간에 맞게 구조물을 만드는 대회 • 평가기준: 완성도, 동작성, 디자인, 작품설명서 • 주제 예시: 탁구공을 운반하는 자동차, 종이컵을 쓰러뜨리는 로봇팔 등
로봇 과학대회	라인트레이서(교육청 대회 출전시 프로그램식 라인트레이서)	• 라인트레이서 경기장 내에서 출발점에서 도착점까지 궤도를 벗어나지 않고 도착하는 시간의 빠르기로 선발 • 교육청 출전시 프로그램(비주얼 베이직, C언어 명령어)을 익혀 라인트레이서 경기장의 목표지점을 통과하는 대회에 출전해야함
전자 과학대회	브레드보드, 연결핀, 브로드보드전원코드, 니퍼, 평롱로우즈	• 브레드보드에 주제에 맞게 회로를 구성하는 대회 • 주제: LED와 빛감지센서를 이용한 회로만들기, 스위치를 이용한 신호등 만들기 등 • 평가기준: 동작, 창의, 과학탐구능력, 작품설명
로켓 과학대회	사이다페트병(1,5L) 2개, 탄도, 검정색 절연테이프, 책받침 1개	• 사이다 페트병 1,5L 2개를 꼭 사용해야함. 발사대에 다른 페트병은 안 맞음 • 탄도는 검정색으로 인터넷으로 구매 가능함 • 책받침을 사용하여 자기가 도안한 날개를 꼭 사용하여야 함 • 발사대에서 목표지점으로 물의 양과 공기의 압력을 조절하여 목표지점에 근접한 점수로 선발
탐구 토론대회	탐구보고서, 조별탐구토론자료	• 주제에 맞게 탐구보고서를 작성하여 탐구보고서 내용을 채점기준에 맞추어 선발 후 팀별로 토론대회를 열어서 토론대회 기준에 따라 선발 • 탐구보고서 주제: 기후변화의 영향과 그 대책 탐구 • 토론팀 구성(학년 제한 없이 3인 1팀)
과학그림 글짓기대회	4절지, 수채화 도구, 원고지 6매 이상, 1~3학년(8절지)	• 과학그림: 과학상상화 • 과학글짓기: 과학관련 책을 읽고 과학에 대한 자신의 생각을 글로 표현하거나 독후감 형식으로 원고지 사용법을 지켜서 제출

참고 사이트 창의과학재단 전국청소년과학탐구대회(http://www.kofac.or.kr/nysc)

구강검진

학교에서 지정한 병원을 정해진 기간에 내원하여 검진을 실시한다. 생활기록부에 반영되는 내용이기 때문에 한 명도 빠짐없이 실시하여야 한다. 간혹 기간 내에 구강검진을 받지 못해 생활기록부에 누락되는 어린이들이 생기는데, 이 어린이들은 따로 진료를 받아야 하니 꼭 기간 내에 방문할 수 있도록 하자.

현장체험학습

아이들이 너무나 기다리는 4월의 행사는 현장체험학습이다. 체험학습을 어디로 가는지, 가서 무엇을 하게 되는지는 어느 학년을 막론하고 4월이면 늘 아이들 사이에 화두가 된다. 이 책의 오른쪽 페이지 준비물만 잘 챙겨 보내면 편안한 체험학습이 될 수 있다.

다만 차량 이용시 가정에서도 반드시 안전벨트 착용에 대해서 지도해주시기를 부탁하고 싶다. 워낙 요즘 아이들이 행동반경도 크고 집중력이 약하다 보니 교사가 아무리 안전벨트 착용을 지시해도 제대로 지키지 않는 아이들이 꼭 나온다.

문제는 그러한 아이들은 대부분 행동반경이 커서 차가 옆으로 쏠리거나 둔덕을 넘어갈 때 다칠 위험에 노출되기 쉽다는 데 있다. 생활 속에서도 늘 습관화될 수 있도록 아이의 생명을 보호하는 안전벨트 착용을 철저히 교육하도록 하자.

현장체험학습 시 준비물

도시락 체험학습장소에서 제공하는 경우도 있으니 가정통신문을 참고한다. 신선한 과일도 함께 넣어 비타민을 보충할 수 있도록 준비하면 좋다.

물 보온병에 넣어 알맞은 온도로 준비한다. 설탕과 색소가 들어간 음료수보다는 신선한 물을 충분히 준비하는 것이 좋다.

비닐봉지 2장 초등학생들은 조금만 노면이 좋지 않아도 멀미하는 어린이들이 많다. 비닐봉지를 항상 휴대하고 다닐 수 있도록 한다.

미니카메라 카메라를 준비하면 친구들과의 추억을 소중하게 간직할 수 있다.

간식 간식은 과자 봉지째 가져오지 않고 밀폐용기에 나누어 담아 준비한다. 따기 어려운 음료는 가져오지 않는다.

수첩과 필기도구 수첩과 필기도구는 되도록 오래 사용하지 않도록 지도한다. 많은 어린이가 선생님 설명을 받아 적느라 정작 중요한 설명을 놓치는 경우가 많기 때문이다. 차라리 중요한 설명은 카메라로 사진을 찍어두고 설명에 집중하는 것이 좋다.

간편복 편안한 운동화와 여러 겹 겹쳐 입을 수 있는 옷을 준비한다. 더울 때는 벗어서 허리에 감고 추울 때는 겹쳐 입어서 보온할 수 있도록 레이어드 기능이 있는 옷으로 준비한다.

멀미약 멀미가 심한 아이들은 출발 3시간 전에 꼭 멀미약을 복용하고 교사에게 미리 알리도록 한다.

5월의 중요한 학교행사

- 어린이날 기념 소운동회
- 동요부르기대회
- 영어말하기대회
- 6학년 – 자연관찰 탐구대회
- 통일그리기·글짓기대회(4~6학년)
- 정보의바다 탐구대회
- 육상대회
- 스승의 날

5월은 3·4월 동안 빡빡한 학교생활에 지친 아이들에게 황금 같은 시기이다. 근로자의 날과 어린이날을 전후로 자율휴업일이 끼어 쉬는 학교도 많고, 소운동회와 동요부르기대회 같은 학교행사도 많이 열리는 달이기 때문이다. 무엇보다 아이들이 손꼽아 기다리는 어린이날이 있어 즐거운 달이다. 5월에 준비해야 할 학교행사를 짚어보며 아이들의 신 나는 학교생활을 준비해보자.

어린이날 기념 소운동회

어린이날 하루나 이틀 전에는 각 학교별로 어린이날 기념 소운동회가 열린다. 아이들은 이 작은 운동회 날을 무척이나 기다린다. 운동할 시간이 별로 없기도 하거니와 온종일 공부 안 하고 노는 날이기 때문이다. 대체로 학교에서는 운동장 사용 관계로 오전 오후로 나누어 저학년과 고학년 운동회를 진행하며 개인달리기와 단체 경기 등 아이들이 한 번씩 뛰어보고 게임할 수 있는 시간들이 주어진다.

소운동회 준비물과 유의점

- 보온병에 시원한 생수를 담아 준비한다.
- 가벼운 운동화를 준비한다.
- 부모님께서 오실 경우 카메라 촬영은 지정된 공간에서 해야 한다.

통일그리기·글짓기대회

분단국가인 만큼 통일그리기·글짓기대회는 해마다 빠짐없이 개최되는 학교행사이다. 세월이 많이 흘렀고 부모세대의 교과서와는 전혀 다르게 반공적인 요소가 사라지고 없지만 요즘 아이들의 북한과 통일에 대한 생각은 과거 부모세대와 별반 다르지 않다. 그것은 반공교육을 받아온 부모들의 생각이 내리 물림 되었기 때문이라는 생각이 든다. 통일그리기·글짓기 대회에서는 구태의연한 반공적인 사고방식보다는, 민족 대화합의 측면에서 통일에 대한 생각을 정리해보는 것이 좋다.

동요부르기대회

학교별로 차이가 있지만 동요부르기대회를 실시하는 학교들이 많이 있다. 고학년 어린이들은 노래를 잘 부르는 친구들이 출전을 많이 하지만, 저학년 어린이들은 동요 부르기가 좋고 즐거워서 나가는 친구들도 많다. 학급별 예선을 거쳐 저학년과 고학년으로 나누어 학교 전체대회를 실시하는데, 자세와 발성도 중요하지만 자신감 넘치는 태도가 가장 중요하다는 것을 명심하자. 또한, 음악의 분위기에 맞게 감성을 잘 살려 부르는 것 역시 중요하다. 동요부르기 대회는 초등학생들에게는 학교축제와 마찬가지로 받아들여진다. 노래는 그만큼 즐거운 것이니까.

영어말하기대회

영어에 대한 관심이 높아지면서 영어말하기대회는 은근히 부모님 사이에 자존심 경쟁이 되어가는 경향이 있다. 대회가 공고되기 훨씬 전부터 사교육 기관에 의뢰하여 대본을 준비하고 아이들을 연습시키는 분들이 많다. 실제 대회에서도 멋진 의상을 차려입고 원어민 수준의 발음을 구사하며 영어말하기를 하는 어린이들도 많다. 대회에서 수상하는 것도 물론 중요하겠지만, 영어에 흥미가 있는 어린이들이라면 대본준비부터 연습까지 스스로 준비해보게 하는 것이 좋다. 대회과정에서도 타인에 의해 연습된 아이들과 스스로 노력한 아이들은 분명 차이가 있다. 좀 서투르더라도 열심히 노력한 어린이들에게 더 높은 점수가 부여되는 것은 당연한 일일 것이다. 이런 중요한 대회일수록 스스로 준비하는 과정이 큰 공부가 된다. 수상자체에 큰 의미를 두며 엄마가 다 도와주는 것은 무의미하다. 공부는 과정이 더 중요하다는 것을 꼭 기억하자.

스승의 날

5월엔 스승의 날이 있다. 교사이자 학부모로서 참 가슴 아픈 날이기도 하다. 학교에는 일찌감치 촌지근절에 대한 공문이 수도 없이 내려오고, 교사들은 바라지 않는데 엄마들은 벌써 지갑을 열어보며 도대체 어떤 선물을 해야 우리 아이의 일 년이 편안할까를 고민하는 날이 되어 버렸다. 물질로 감사함을 표시하는 그런 가르침을 언제까지 우리 아이들에게 보여줄 것인가.

스승의 날은 진정 과거에 내가 진심으로 감사했던 스승을 찾아뵙는 날로 보내야 할 것이다. 아이들에게 가르침을 주신 소중한 스승에게 감사하는 마음을 담은 편지 한 장을 정성스럽게 써 보게 하는 것으로 배우는 학생의 자세를 가르치자고 부탁드리고 싶다. 선생님들은 코 묻은 제자의 진술한 편지 한 장에도 가슴 뭉클해 할 줄 아는 분들이다. 마음을 전하는 가르침을 받은 아이들은 커서도 마음으로 타인을 감동시킬 줄 아는 사람들로 자랄 것이라 믿는다.

6월의 중요한 학교행사

- 4, 5, 6학년 수련활동
- 단원별 수행평가
- 학업성취도평가(3~6학년)

6월은 과목별로 본격적인 수행평가가 시작되고, 기말고사를 보는 학교에서는 주지 교과별 시험도 예고되어 있어 마음이 바빠지는 달이다. 아이들도 아이들 나름대로 학원과 학교 및 가정에서 시험과 관련한 잔소리를 많이 듣게 되기 때문에, 정신적으로 신체적으로 많이 힘들어하는 시기이기도 하다. 이럴 때일수록 현명한 시간 관리를 통해 지혜롭게 6월을 보내야 할 것이다. 한 가지씩 그 방법을 알아보도록 하자.

　초등학교에서는 학기 초에 같은 학년 선생님들이 모여 회의를 거쳐 수행평가 항목을 결정하게 된다. 교육과정을 체계적으로 분석한 후 학생들에게 필요하다고 생각되는 항목을 따로 분류하여 평가하는 것이다. 그러므로 부모님의 초등학교 시절 과목의 전체적인 시험성적을 통해 수, 우, 미, 양, 가를 결정했던 시스템과는 성격을 달리한다. 다음 수행평가 항목과 평가관점을 살펴보면 이해가 쉬울 것이다.

영역	단원	평가관점	평가척도	평가방법	평가시기
지리 (지식)	2. 여러 지역의 생활	• 도시와 촌락의 생활모습과 특징을 비교하여 설명할 수 있다.	• 도시와 촌락은 인구와 교통, 산업, 문화 시설 등의 인문환경에서 차이가 남을 이해하고 이를 비교하여 설명할 수 있다. - 매우 잘함 • 도시와 촌락은 인구와 교통, 산업, 문화 시설 등의 인문환경에서 차이가 남을 이해하나 이를 비교하여 설명하지는 못한다. - 잘함 • 도시와 촌락의 생활모습이 어떻게 다른지 그 특징을 이해하지 못하고 비교 설명하지 못한다. - 보통 • 도시와 촌락의 생활모습에 대한 이해가 바르지 못하다. - 노력요함	지필평가 / 서술평가 4단계로 평가	11월
지리 (기능)	2. 여러 지역의 생활	• 도시와 촌락의 여러 가지 문제를 조사하여 정리할 수 있다.	• 도시와 촌락의 여러 문제에 대해 조사하고 원인과 결과를 정리하여 보고서로 작성할 수 있다. - 매우 잘함 • 도시와 촌락의 여러 문제에 대해 조사할 수 있으나 원인과 결과를 체계적으로 정리하지 못하여 보고서로 작성하지 못한다. - 잘함 • 도시와 촌락의 여러 문제에 대한 조사방법 및 정리방법을 이해하지 못하고 보고서로 작성하지 못한다. - 보통 • 도시와 촌락의 여러 문제에 대한 조사가 이루어지지 않는다. - 노력요함	보고서 작성 4단계로 평가	11월

4학년 사회과

평가항목과 평가척도를 보면 알 수 있듯이 교육과정에 근거하여 정확한 근거를 가지고 평가하기 때문에, 사실은 과거 우리가 시험을 통해 평가결과를 도출해내는 과정보다 더 광범위해지고 더 폭넓은 능력을 요구하고 있음을 알 수 있을 것이다.

'사회'과의 수행평가에 대비하기 위해서는 과거 부모님 세대처럼 단순히 외워서 시험에 100점을 받는 것으로는 부족하다. 교과내용에 대한 전반적인 이해능력은 물론 이해한 결과를 글이나 말로 서술해내는 능력까지 필요하다. 따라서 초등학교 수행평가에서 골고루 좋은 성적을 거두기 위해서는 꾸준한 독서와 글쓰기 연습을 평소에 열심히 해두는 것이 좋다.

수행평가의 과목별 항목이 궁금하다면 나이스 학부모서비스 시스템을 통해 확인할 수 있다.

 **자녀의 학교생활 정보를 제공해주는 학부모서비스 나이스**

내 자녀의 학교생활 전반에 걸친 정보를 조회할 수 있는 학부모서비스 나이스에 가입하면 여러모로 도움이 된다. 가입절차는 다음과 같다.

❶ http://www.neis.go.kr/ 사이트에 접속한다.

❷ 학부모서비스란을 클릭한다.

❸ 자녀가 속해 있는 지역교육청을 클릭한다.

❹ 회원가입을 하고 공인인증서를 등록한다.

❺ 학부모서비스를 통해 확인할 수 있는 사항: 학교정보, 성적, 출결, 학교생활기록부(수상경력, 자격증, 체험학습활동), 선생님과 온라인 상담 가능

지금은 점점 사라지는 추세지만 아직 일 년에 2회가량의 학업성취도평가를 보는 학교가 많다. 평가 일정이 공고되면 많은 부모님은 초초해하고 아이의 시험 결과에 촉각을 곤두세운다. 평가에 대한 대비는 지극히 당연한 말이겠지만 평소에 차근차근 하는 것이 중요하다. 벼락치기를 통한 공부라면 하지 않는 편이 더 낳다. 짤막하게 과목별 공부법을 살펴보기로 하자.

국어

국어는 문장을 이해하는 능력이 80% 이상을 차지한다고 해도 과언이 아니다. 이해만 할 수 있다면 문제를 푸는 것은 어렵지 않다. 독해능력은 어릴 때부터 꾸준히 해온 독서가 가장 큰 영향력을 미친다.

만화책이 아닌 줄글로 된 책을 연령대에 맞게 구매 혹은 대여해 장기적인 계획을 세워 꾸준히 읽어나가는 것이 가장 좋다. 독해능력은 다른 과목 전반에 걸쳐 고루 영향을 미친다. 독해능력과 더불어 표현능력도 중요하다. 글로써 자신의 생각을 명료하게 표현해내는 능력 역시 독해능력과 버금가게 중요한 능력이다. 글쓰기능력은 계획적인 일기쓰기와 국어쓰기 수업의 과제수행으로 충분히 길러질 수 있다. 특히 일기쓰기는 매일매일 글쓰기연습을 할 수 있는 좋은 계기가 될 수 있기 때문에 평소에 꾸준히 일기 쓰는 습관이 무엇보다 필요하다.

수학에서 가장 중요한 것은 개념이해와 오답풀이이다. 간혹 학원에서 선행학습을 해온 아이들을 자세히 살펴보면 개념을 이해하지 못하고 암기해서 문제를 푸는 경우를 자주 보게 되는데 이는 많은 문제를 불러일으킨다. 일단 외웠으니 다 알고 있다고 생각해서 수업에 소홀하게 되는 것이 첫 번째 문제이며, 암기가 아니라 개념을 적용해야 하는 문제를 만나게 되면 풀이 자체를 할 수 없게 되는 것이 두 번째 문제이다.

특히 저학년 수학은 번거롭고 귀찮더라도 실제 구체물을 가지고 하나하나 적용해보며 개념이해를 하는 것이 중요하다. 나 역시 요즘 막내아들과 곱셈에 대하여 공부하는 중인데 아들이 답답해하며 구구단을 외우려 하는 것을 억지로 말려가며 덧셈을 통해 곱셈의 개념을 익히게 지도하고 있다. 곱셈을 공부할 때 개념 이해 없이 바로 구구단을 외워온 아이들은 곱셈의 원리를 결코 이해할 수 없다.

개념이해는 교과서에 박스 처리로 상세하게 안내되어 있으니 반드시 하나하나 짚고 넘어가자. 개념이해가 끝나고 교과서 내용을 이해했다면 문제집을 풀어볼 차례이다.

문제집을 선택할 때는 반드시 자녀의 수준에 맞는 문제집을 선택해서 풀게 하는 것이 좋다. 문제를 풀어보았을 때 70~80% 정도의 정답률이 나온다면 풀어볼 만한 수준이다. 틀린 문제는 오답공책을 따로 만드는 것보다는 포스트잇을 붙여 문제 바로 위에 다시 풀어보게 하는 것이 훨씬 더 보기 편리하다.

사회

사회는 교육과정 자체가 상당히 어렵고 생소한 개념들이 등장하기 때문에 뜻밖에 많은 부모님이 고민하는 과목이다. 그러나 사회는 독서와 체험 활동을 체계적으로 해온 아이들에게는 쉽고 재미있는 과목이다.

1, 2학년 때부터 교과서 내용을 근거로 체험학습 장소를 선정하여 꾸준히 체험하고, 보고 들은 내용을 일기장에 기록하는 습관을 지니는 것이 중요하다. 또 신문을 읽고 기사 내용을 요약하여 느낀 점을 덧붙이는 신문 활용 일기를 써보는 것도 큰 도움이 된다. 시험이 임박해서는 교과서 내용을 위주로 개념정리를 하되 단원정리 부분을 집중적으로 공부하도록 하자.

학년별 체험학습 장소 선정 기준	
1, 2학년	부모님과 신 나는 여가생활 – 캠핑, 운동, 등산, 나들이등
3학년	우리가 사는 고장 – 고장의 중요한 문화유산, 공공시설, 재래시장, 백화점 등
4학년	고장이 속해있는 지역 전체 – 예를 들어 서울특별시 송파구에 거주하는 어린이라면 서울시 전체를 말한다.
5학년	역사를 공부할 수 있는 박물관과 주요문화재가 위치한 도시들 – 서울, 공주, 경주, 부여, 강화도, 안동 등
6학년	3, 4, 5학년 체험학습 장소 전체

과학

과학 과목을 잘하기 위해서는 학교에서 배우는 실험내용과 결과를 체계적으로 정리할 수 있어야 한다. 과학책을 기본으로 정독하고 실험관찰책을 차시에 맞게 꼼꼼하게 공부하는 것이 평가에 가장 효과적으로 대비하는 방법이다.

과학은 정답을 미리 알면 재미없는 과목으로 전락하기 쉬우니 사회와 마찬가지로 선행학습은 하지 않는 것이 좋으며, 차시별로 실험이 끝난 후에는 반드시 가정에서 다시 복습을 통해 실험결과를 꼼꼼하게 정리해두는 것이 좋다. 또한, 평소에 과학 관련도서를 풍부하게 읽어두는 것도 교육과정을 이해하는 데 큰 도움이 된다. '국립서울과학관'이나 '국립과천과학관'과 같은 과학 관련 체험학습 장소도 정기적으로 방문하여 과학에 관한 흥미를 갖게 하는 것도 큰 도움이 될 것이다.

과학은 미리 예습하지 말고 평소 충분한 과학 관련도서 탐독 및 체험학습과 학교실험정리를 충실하게 잘해두는 것이 중요하다.

 **이곳은 꼭 가보세요! 알짜배기 과학 관련 체험학습 장소들**

- 국립서울과학관 – http://www.ssm.go.kr
- 국립과천과학관 – http://www.sciencecenter.go.kr
- LG싸이언스홀 – http://www.lgscience.co.kr
- 국립중앙과학관 – http://www.science.go.kr
- 인천어린이과학관 – http://www.icsmuseum.go.kr/
- 인천국립생물자원관 – http://www.nibr.go.kr/
- 서대문자연사박물관 – http://namu.sdm.go.kr/
- 영월별마로천문대 – http://www.yao.or.kr/
- 예천천문우주센터 – http://www.portsky.net/

 # 교과학습에 대한 초등 선생님들의 생생한 조언

사회, 과학과 같은 과목들은 절대 예습시키지 마세요. 초등학교 교육과정은 중·고등학교 교육과정과는 다릅니다. 학원에서 동영상을 미리 봤거나 지식 암기학습으로 선행 학습한 친구들은 흥미가 떨어져서 실험에 잘 참여하지도 않을 뿐 아니라, 다 안다고 생각해서 더 자세하게 알아볼 생각을 하지 않는 모습을 자주 보게 됩니다.
                                                                    – 누구야 선생님

수학 과목은 예습에 치중하는 학부모님이 무척 많습니다. 하지만 예습보다는 복습이 더 중요합니다. 학교진도에 맞춰서 문제를 다시 풀어보고 확실히 이해하고 넘어가는 게 더 중요해요. 단원평가 결과를 비교해보면 예습 위주로 공부한 친구들은 복습으로 알차게 다져온 친구들보다 성적이 낮습니다.
                                                        – 신길초 조연희 선생님

요즘 아이들, 공부방 많이 다니지요? 공부방에서의 매일 반복되는 문제풀이식 교육은 점수를 반짝 올릴 수 있을지는 모르지만, 자기 주도적으로 공부하는 힘을 잃어버리게 합니다. 학교수업을 마치고 다양한 방과후 학교 프로그램 참여나 자유로운 독서와 여러 가지 체험활동을 통해서 창의력과 사고력을 키울 때, 아이의 진짜 실력이 향상된다는 것을 학부모님이 꼭 아셨으면 합니다.
                                                    – 경북 김천초 강미 선생님

초등학교 저학년에서는 받아쓰기 연습 때문에 엄마도 아이도 힘들어하는데, 그 시간에 아이를 격려하면서 함께 책을 읽는다면 받아쓰기 문제는 저절로 해결됩니다. 시간이 오래 걸리고 효과는 더디게 나타나겠지만, 책을 많이 읽은 아이는 국어를 잘하게 되고 국어를 잘하면 다른 과목 내용도 잘 이해하고 좋은 성적을 얻게 됩니다. 국어든 영어든 부모님께서 장기적인 안목으로 바라보셨으면 합니다.
                                                –서울 오류남초 이미선 선생님

여름방학 계획을 세우는 초등 7월 생활법

7월 초가 되면 아이들은 들뜨기 시작한다. 방학이 얼마 남지 않았기 때문이다.

아이들은 이제 기말고사를 모두 치르고 간단한 학교행사 한두 개를 남겨 두고 마음이 많이 풀어져 있는 상황이다. 아이들뿐만 아니라 긴장감이 사라진 것은 부모님도 마찬가지다. 이맘때 알림장 검사부터 숙제까지 제대로 해오는 아이들이 많지 않은 것을 보면 벌써 마음은 방학을 향해있는 것처럼 보인다.

앞만 보고 달려왔다면 이맘때쯤 조금 마음의 여유를 두고 한 템포 쉬면서 다음 방학을 준비해보는 것도 괜찮을 것이다.

하지만 이 시기에 챙겨두면 반드시 도움되는 활동이 몇 가지 있어 소개해 드리니, 놓치지 말자!

방학이 시작되면 학원에 다니는 아이들이나 다니지 않는 아이들이나 할 것 없이 다음 학기 선행학습을 위해 분주히 움직인다. 그러나 학교현장에서 보면 선행학습이 필요한 아이는 한 반에 5~8명 정도밖에 되지 않는다. 요즘에는 기초학력부진아는 별로 없지만 대신 아주 잘하는 아이도 별로 많지 않다. 따라서 선행학습보다는 더욱 더 탄탄하고 충실하게 기초학력을 보강하는 것이 학습능력을 끌어올릴 수 있는 지름길이다. 1학기 기말고사가 끝나고 여름방학을 준비하는 시기가 1학기 내용을 가장 많이 기억하고 있는 시기인 만큼 처음부터 끝까지 흐름을 잡는다는 생각으로 1단원부터 차근차근 복습을 해두면 큰 도움을 받을 수 있을 것이다.

평소 학교에서 보는 단원평가 성적이 80점 이상일 때

1학기 수학문제집을 새롭게 구매하거나 얇은 총정리 문제집을 한 권 사서 처음부터 차근차근 요일을 정해 풀어보게 하는 것이 좋다. 이 아이들에게 가장 중요한 것은 오답노트 정리이다. 보통 한눈에 알아볼 수 있도록 포스트잇을 붙여서 오답을 정리하면 색다른 재미도 주고 눈에 확 띄기 때문에 정리가 잘 되는 효과를 볼 수 있다. 이 수준의 아이들은 틀린 문제를 또 다시 틀리는 경우가 많으므로 오답노트 정리를 잘하는 것이 성적향상의 지름길이라 할 수 있다. 오답노트는 따로 만들지 말고 문제집 풀다가 틀린 문제 위에 바로 포스트잇을 붙여서 그대로 풀어보는 것이 더 좋다. 따로 오답노트를 만들어야 한다면 다음 원칙을 지켜 만들어보자.

오답노트 꼼꼼하게 정리하는 방법

❶ 첫줄 쓰는 방법

1. 날짜, 시험과목, 단원명, 시험이름, 점수를 쓴다.
예) 3월 24일/ 수학/1단원. 10000까지의 수/ 단원평가/90점

❷ 내용 쓰는 방법

1. 문제 쓰기: 문제의 번호와 문제의 내용을 자세하게 쓴다.
2. 오답 쓰기: 내가 틀린 그대로를 쓴다.
3. 정답 쓰기: 정답을 모르면 선생님과 친구들에게 물어본다.
4. 틀린 이유 쓰기: 만약 정답을 '7'이라고 썼다면 왜 '7'이
라고 생각했는지 그 이유를 적어본다.
5. 설명쓰기: 문제를 바르게 푸는 방법을 적는다.

오답 관리를 잘하면 수학우등생이 될 수 있다.

평소 학교에서 보는 단원평가 성적이 70점대일 때

수학책과 익힘책을 다시 한 번 꼼꼼하게 풀어보는 것이 우선이다

평소 학교에서 보는 단원평가 성적이 60점 이하일 때

기초학력부진으로 분류된다.

학교에서 기초학력부진아들을 위한 방과 후 수업을 진행해보면 이 성적 분포의 아이들은 수학책과 익힘책도 제대로 풀지 못하는 경우가 많다. 이

아이들에게는 아주 쉬운 도전과제를 주어 반복해서 100점을 받는 경험을 하게 하는 것이 중요하다.

특히 연산능력이 상당히 부족하므로 연산문제를 집중적으로 또 단계적으로 풀어볼 수 있는 교재를 한 권 선정하여 아주 쉬운 문제부터 차근차근 도전하는 것이 좋다. 이 아이들은 조금만 어려운 문제를 줘도 금방 힘들어하고 하기 싫다고 투정을 부리거나 극복하지 못해 중도에 포기하기도 하므로 기초부터 철저히 단계를 밟아나가는 것이 중요하다.

■ 열심히 독서하기 

독서계획 짜기

학교에서 내준 권장도서 및 다양한 책 카페에서 모은 자료들을 활용하여 분야별로 읽고 싶은 책 목록을 정한다. 이때는 엄마 혼자 정하지 말고 아이의 의견을 충분히 반영시켜주는 것이 중요하다. 너무 많은 책을 선정하지 말고 아이의 독서수준에 맞추어 선정하도록 한다. 학교홈페이지를 참고하여 아이의 다음 학기나 다음 학년에서 권장하는 권장도서목록을 참고하여 읽을 책을 선정하는 것도 좋은 방법이다.

각종 독서행사를 준비해주면서 함께 경험해본 결과 권장도서 및 필독도서들은 대부분 책 내용이 좋다. 분야별로 다양하게 나누어져 있기 때문에 한쪽 방면으로 편식하지 않게 책을 읽는 좋은 방법이 되어준다.

독서활동 시작하기

방학 때는 읽은 책을 바탕으로 독서록도 작성해야 하고 여러 가지로 바쁘다. 서서히 방학 전부터 충분히 독서활동을 시작하는 것이 좋다. 특히 7월은 기말고사도 끝난 시점이라 아이들이 책을 읽기에 부담이 적기 때문에 깊이 있는 독서를 할 수 있는 절호의 기회라 할 수 있겠다.

체험학습 계획 짜기 

방학 때는 부모의 휴가기간에 맞추어 체험학습을 할 기회가 많다. 꼭 휴가기간에 떠나는 여행이 아닐지라도 박물관이나 과학관처럼 아이들이 체험활동을 할 수 있는 공간을 방문할 수 있는 시간적 여유도 생긴다. 방학 때 떠날 수 있는 장소를 아이들과 함께 선정해보면서 체험학습계획을 구체적으로 짜보면 방학 중 활동에 많은 도움을 받을 수 있다.

체계적으로 체험학습계획을 짜는 방법은 다음과 같다.

먼저 교과서와 관련된 장소를 선정한다

아이가 받아온 2학기 교과서를 펴놓고 아이와 함께 갈 수 있는 체험학습 장소를 선정해보자. 3~4곳 정도로 정리한 후 아이의 의견을 반영하여 장소 선정을 한다.

장소가 결정되면 체험학습장소와 관련된 사전 자료들을 조사한다

예를 들어 국립중앙박물관 고고관을 방문할 예정이라면 선사시대와 관련한 책과 자료를 찾아 정리하면 된다.

모아놓은 자료를 정리하여 자료집을 만든다

모아둔 자료를 바탕으로 자료집을 만들어본다. 체험학습장소와 관련된 교과내용 관련문제들도 함께 풀어본다.

뭘 시킬까, 어디를 보낼까를 고민하기에 앞서 아이의 실력을 정확하게 파악하고 분석하여 아이의 수준에 맞는 학습을 계획하는 시간을 보낸다면 실패하지 않는 여름방학을 보낼 수 있다. 더불어 아이와 보다 많은 이야기를 나눌 수 있는, 정서적으로도 풍부한 시간을 보낼 수 있도록 계획표를 짜보자!

해마다 방학이 되면 생활계획표를 짜놓고 그대로 실천하리라 다짐을 하지만 매번 개학 날이 다가오면 밀린 숙제를 하느라 분주해진다. 후회만 가득한 방학이 아닌 활기차고 계획적인 방학을 보내는 방법을 함께 고민해보자.

말뿐인 생활계획표는 그만! 실천 가능한 계획표를 짜자

방학 전에 매번 짜는 생활계획표가 있다. 컴퍼스를 사용하여 둥그렇게 그린 원 안에 시간을 표시하고 그 안에 해야 할 일들을 적는 계획표이다. 학교에서 정성스럽게 짜서 집으로 가져가지만 지키는 친구들이 드문 것으로 알고 있다. 생활계획표라고 하는 것은 지키기 위해 만드는 계획표인 만큼 말뿐인 생활계획표가 아닌 실천 가능한 계획표를 짜보도록 하자.

매일 아침 포스트잇에 그날 해야 할 일을 적고 체크한다

매일 아침 방학이면 아침 식사 후에 나는 아이들에게 포스트에 그날 해

야 할 일을 적게 한다. 예를 들면 다음과 같이 그날 꼭 해야 할 과제를 적으
면 된다.

2012. 8. 1

- 1학기 수학문제집 4쪽 풀기
- 영어 54~57쪽 읽고 해석하기
- 일기쓰기
- 한자 12자 공부하기

포스트잇에 적은 그날의 과제는 냉장고에 붙여놓고 해결할 때마다 하나
씩 지워나간다. 모두 다 지우고 나면 TV나 게임, 만화책 보기 등을 제외한
자유 시간을 가진다. 다 해결한 포스트잇은 떼지 않고 그대로 남겨두어 방
학이 끝나고 나면 기념사진을 촬영하여 남겨두는 것도 내적 동기를 키워줄
수 있는 좋은 방법이다.

아침 일찍 일어나 독서를 한다

아침 식사 전에 어떤 일을 하는지 곰곰이 생각해보자. 학교에 다닐 때는
허겁지겁 밥을 먹고 나가기 바쁘지만, 방학 때는 아무래도 식사시간도 조
금 늦어지고 자연스럽게 소파에 누워 TV 리모컨을 잡게 될 것이다. 나는
아침에 눈을 뜨면 학기 중에도 밥을 차릴 동안 아이들에게 책을 읽게 한다.
정신도 번쩍 들게 하고 아침 식사를 하기 전 자투리 시간을 활용하는 의미
도 있고 규칙적인 생활의 첫출발을 독서로 열어주기 위해서이다. 짤막한

동화책은 일어나서 엄마가 식사준비 하기 전까지 한 권을 거뜬히 읽을 수 있다. 독서할 시간이 턱없이 부족한 요즘 아이들에게 아침독서는 생각의 폭을 넓혀줄 수 있는 금쪽같은 시간이 되어 줄 것이다.

체험학습은 계획적으로 한다

요즘 아이들을 보니 방학이라고 해서 자유로운 것은 아니었다. 다들 학원을 몇 군데씩 다니기 때문에 학원 스케줄을 맞추려면 학기 중과 마찬가지로 평일에는 시간을 내기 어려운 형편이다. 또 주말에는 내로라하는 체험학습 장소에는 방학기간을 맞은 아이들이 몰려 발 디딜 틈이 없다. 무계획적으로 길을 나섰다가는 다시 발걸음을 돌리기 쉬우므로 체험학습은 계획적으로 이루어질 수 있도록 준비하자.

건강 스케줄을 짜서 관리한다

평소에 챙기기 어려웠던 식단관리와 꾸준한 운동을 통해 아이들의 건강에 신경 쓸 수 있는 방학이 되도록 한다. 시간적 여유가 있으면 아무래도 아이와 채소 먹이기에 실랑이하지 않더라도 차근차근 몸에 좋은 음식을 권할 수 있고, 운동 역시 체계적인 계획을 세워 실천할 수 있는 마음의 여유가 생긴다. 온 가족이 모여 줄넘기와 달리기를 한다든지 일주일에 한 번 등산을 한다든지 하는 구체적인 계획을 세워 아이들의 건강을 알차게 챙겨보자.

무리한 선행보다는 알찬 복습으로 실력을 다지자

초등학교 현직에 계시는 선생님들은 선행학습을 권하지 않는다. 지나친 선행학습은 약이 되기보다는 오히려 독이 되며 아이들에게 좌절감만 심어줄 뿐이다. 나는 방학 초반에는 항상 전 학기에 배웠던 과목을 처음부터 끝까지 다시 한 번 알차게 복습을 시켜준다. 기초를 확실하게 다진 다음 예습을 해야 야무지게 실력을 다질 수 있다. 어설픈 선행학습으로 알지도 못하는 내용을 마치 다 안다는 듯 착각하며 학교 수업마저 소홀히 하게 만드는 오류를 범하지 말자. 아는 길도 물어가라는 말이 있듯이 다 안다고 생각했던 내용도 막상 뚜껑을 열어보면 그렇지 않은 경우가 많다.

부모와 잊지 못할 추억 만들기 _방학 동안 꼭 이루어내야 할 과제이다

바쁜 부모와 대화조차 제대로 나눌 수 없는 요즘 아이들. 방학만큼은 부모와 잊지 못할 추억을 만들 수 있는 시간을 가져보자. 우리 삼 남매는 한 번씩 엄마와 데이트를 했던 시간을 떠올리며 행복해한다. 그리고 그때 함께 방문했던 식당, 거리, 박물관 하나하나를 소중하게 추억으로 간직하고 싶어 한다. 그리고 그 추억이 또한 살아가는 힘이 되어주는 것 같다.

초등학교 시절은 친구도 물론 중요하지만 아이와 가장 깊은 관련을 맺고 있는 부모님과 보내는 시간 역시 그 무엇과도 바꿀 수 없을 만큼 중요하다. 아이와 온종일 서점 나들이를 하며 책을 마음껏 읽어주어도 좋고, 신 나게 시장에서 장을 봐다가 함께 요리를 만들어보아도 좋고, 훌쩍 기차타고 당일치기 나들이를 해봐도 좋고, 사진기 하나 챙겨서 박물관 나들이를 떠나도 좋을 것이다. 부모와 함께 웃으며 보낼 수 있는 시간만 주어진다면 아이들에게는 최고의 방학이 될 수 있다.

2학기의 시작
초등 9월 생활법

9월은 본격적인 2학기의 시작이다. 2학기는 친구들과도 익숙하고 선생님에게도 이미 적응되었기 때문에 느슨하게 흘러가기 쉽다. 알림장 검사나 숙제, 준비물 등 학교생활에서 기본적으로 갖추어야 할 것들에 느슨해지지 않도록 다시 한 번 꼼꼼하게 체크하자.

9월에 특별히 눈여겨 봐주어야 할 아이의 학교생활을 하나하나 짚어보자.

1학기와는 다른 아이의 발달에 익숙해지도록 한다

2학기가 시작되면 아이들은 1학기 때 모습과는 사뭇 달라진다. 특히 저학년일수록 발달의 속도가 확연하게 느껴질 정도로 달라진다. 1학기 때는 아이가 산만하고 친구들과 자주 다투고 들어와 걱정하던 엄마들도 2학기 들어서는 아이가 얌전해지고 행동이 좋아졌다고 기뻐하는 분들도 있고, 반대로 너무 조용하고 수줍음이 많아 걱정이던 아이들도 말수가 늘고 친구를 찾기 시작했다고 좋아하는 분들도 있다. 초등학교 시기는 인생을 길게 놓고 보았을 때 정서적 발달의 변화 모습이 확연하게 눈에 보이는 시기이므로 내 아이의 기질을 염려하기보다는 믿고 기다려주는 자세가 필요하다 하겠다.

짧지만 무계획적으로 흘러가지 않도록 2학기의 목표와 계획을 세우고 실천한다

2학기는 짧다. 추석 연휴가 중간에 끼어 있어 더욱 짧게 느껴진다. 짧은 일정인 만큼 무계획적으로 흘러가기 쉬우므로, 2학기의 출발점인 9월에 2학기 전체를 아우르는 장기적인 목표와 구체적인 계획을 아이와 함께 세워두는 것이 중요하다. 계획은 구체적으로 세우되 거창하지 않게 실천 가능한 계획을 세우며 그 계획을 2학기 첫 일기장에 '나의 다짐'이라는 제목으로 기록하도록 한다. 일기장에 계획을 적어두면 매일 넘겨보며 결심을 새롭게 다질 수 있는 계기가 되어준다.

다들 '우리 아이, 이거 시켜볼까?' 하는 고민 해보셨을 것이다. 그것은 잘못된 고민이다. '이거 시킬까? 저거 시킬까?' 하는 고민은 아이의 자발적인 고민이 아닌 엄마의 고민이기 때문이다.

자기 주도적인 아이로 키우고 싶다면 목표와 구체적인 실천 계획을 세우는 것은 아이가 하도록 해야 한다. '이제 2학기가 되었으니 2학기 때 꼭 이루고 싶은 목표 하나 정해볼까?' 하고 제안한다. 만약 엄마는 간절히 원하지만, 아이가 원하지 않는다면 실천 시기를 조금 늦추는 것이 좋다.

독서토론대회 준비법

학교마다 차이는 있지만 9월에는 독서토론대회를 개최하는 학교들이 많다. 독서토론대회는 4학년 이상이 참여 가능하다. 독서토론대회는 정해진 책을 읽고 주어진 토론 주제에 대하여 찬·반 의견을 정리하여 토론을 벌이는 대회이다. 평소 독서량도 많아야겠지만 정확하게 토론 주제를 파악하고 논제에 대한 자기 자신의 의견을 잘 정리할 수 있는 능력도 필요하다. 많은 학생이 독서토론대회를 준비하며 인터넷 검색에 의존하는데 이는 옳은 방법이 될 수 없다. 아이가 대회를 통해 자신의 생각을 표현할 기회로 삼겠다는 목표로 독서토론대회에 참여하게 해보자. 독서토론대회를 현명하게 준비하는 방법은 다음과 같다.

❶ 독서토론대회 책을 정독한다.

❷ 논제에 대한 찬성 또는 반대 입장을 정한다.

❸ 주장을 뒷받침할 수 있는 근거자료를 수집한다. ─ 책과 전문가의 의견 등을 참고로 하여 정확한 근거를 수집하도록 한다. 신문기사를 검색해보는 것도 좋다. 전문가의 의견을 뒷받침 근거로 제시하면 논제를 뒷받침하는 데 힘을 실을 수 있다.

❹ 상대방의 의견에 반박할 질문거리를 만든다. 이때 인신공격은 하지 않으며 최대한 정곡을 찌를 수 있는 핵심적인 질문을 뽑아내는 것이 관건이다.

❺ 주장과 근거 및 반론을 마련했다면 일기장에 독서토론 논제를 가지고 입론을 작성해본다.

❻ 글이 준비되었다면 시각적으로 제시할 자료를 만든다.

추석 후의 체험학습보고서 작성 방법

추석은 대체로 9, 10월에 있기 때문에 체험학습보고서를 쓰게 될 가능성이 높다. 다른 지역으로 이동해야 할 경우 추석 연휴만으로는 기간이 부족하기 때문이다. 추석명절 준비도 해야 하는데 아이들 체험학습보고서까지 겹치니 여간 신경 쓰이는 일이 아닐 것이다. 체험학습보고서 쓰기 절차를 간단하게 소개한다.

❶ 출석 인정 체험학습일수

7일이다. 체험학습신청서와 보고서를 제출했을 때 7일까지는 출석 인정이 된다. 이는 외국과 국내 모두 같다. 그러나 7일이 넘어가면

결석사유 불충분으로 무단결석이 되니 주의하자. 체험학습일자를 넘겨 무단결석 처리되었다 해도 중학교 입학에는 아무런 지장이 없으나, 특수목적중학교 입학을 희망하는 어린이는 무단결석에 대한 기록을 남기지 않는 것이 중요하다. 따라서 특수목적중학교 입학 예정자는 체험학습일수에 신경을 써야 한다.

❷ 체험학습신청절차 및 보고서 쓰기 방법

학교 홈페이지마다 대체로 체험학습신청서와 보고서 양식이 올라와 있으므로 다운받아 활용하면 된다. 만약 양식이 없을 경우 미리 선생님께 알려 신청서와 보고서 양식을 전달받도록 한다. 체험학습 신청서는 체험학습예정일 1주일 전에 제출해야 한다. 기일을 넘기면 업무 처리에 어려움을 겪게 되므로 기일을 꼭 지키도록 하자.

체험학습을 다녀온 후에는 학교에서 제시하는 양식에 따라 보고서를 작성하여 제출하면 된다. 체험 날짜를 기록하고 체험 여정을 간단하게 기록한 후, 느낀 점을 3~4줄 정도로 적고, 체험 당시 촬영한 사진을 붙이거나 그림으로 그려 마무리하면 훌륭한 체험학습보고서가 된다.

학교에서 제출하는 체험학습보고서를 너무 잘 쓰려고 애쓸 필요는 없다. 학교 서류 보관용이므로 선생님도 많이 신경 쓰지 않으므로, 아이가 느낀 점을 기록하는 것에 초점을 두도록 하자. 아이가 보고 느꼈다는 그 자체가 중요하지 얼마나 화려하게 보고서를 꾸몄는가는 중요하지 않다.

9월은 파란 하늘 아래 펼쳐지는 가을운동회만큼이나 설레고 기분 좋은 달이다. 무르익은 오곡백과처럼 아이들의 삶이 영그는 모습이 보이기 때문이다. 긍정적인 마음으로 새로운 2학기를 맞이하자. 아이들도 덩달아 행복한 학교생활을 할 수 있게 될 것이다.

시험 대비로 바빠지는 초등 10월과 11월 생활법

10월과 11월의 주요 학교행사

- 독서퀴즈대회
- 불조심 포스터그리기·글짓기 대회
- 논설문쓰기대회
- 학업성취도평가

대부분의 학교는 9월까지 대부분의 학교행사를 끝내고 10월부터는 여유로운 시기로 접어든다. 그러나 10월에 다른 모든 학교행사를 접고 시범학교 공개수업이나 학예발표회, 작품 전시회 등을 준비하는 학교들도 많다. 이 때 초등학교에서는 학과공부 외에 다양한 행사준비로 분주한 모습을 보이며 학생들도 덩달아 분주해지는 경우가 대부분이다.

10, 11월에 학예발표회나 작품전시회 외에 열리는 주요 행사들을 살펴보기로 하자.

독서퀴즈대회

학교마다 다양한 독서행사가 펼쳐지지만, 대부분의 학교에서 독서퀴즈
대회를 실시한다. 학교에서 선정한 학년별 필독도서 중에서 독서퀴즈문제
를 내며 골든벨이나 시험형식으로 치러지는 경우가 대부분이다.

독서퀴즈대회 준비를 위해 밤을 새워서 책을 외우는 친구들이 있는데
이는 어리석은 대회 준비방법이다. 독서퀴즈대회는 학년 초에 학교에서
필독·권장도서를 나누어 줄 때부터 시작하는 것이 좋다. 필독·권장도서
들은 알차고 훌륭한 내용을 도서 분야별로 나누어 선정한 도서들이므로,
목록표를 알림장이나 종합장 앞에 붙여놓고 읽을 때마다 책 제목 옆에 도
장을 찍어 표시해둔다. 도장을 반복해서 찍으면 여러 번 읽었다는 뜻이 된
다. 이렇게 대회 날까지 여러 번 반복해서 읽어두면 굳이 책을 암기하지
않아도 문제를 쉽게 풀 수 있게 된다. 독서퀴즈대회 역시 좋은 책을 여러
번 읽도록 유도하기 위해 만들어진 것이므로 대회의 취지에 맞게 준비하
도록 하자.

논설문쓰기대회

학교에 따라서는 논설문쓰기대회를 개최하는 곳도 있다. 논설문을 쓸 수
있게 되는 4, 5, 6학년을 대상으로 치러지며 논제는 따로 주어지지 않는 경
우가 많다. 논설문을 잘 쓰기 위해서는 평소 꾸준한 연습이 필요하다.

가장 좋은 연습방법은 일기쓰기이다. 나는 학교와 가정에서 일주일에 한
번씩 신문기사를 다 같이 읽어보고 신문일기를 쓰는 시간을 가진다. 기사
의 논제를 분석하고 개인의 의견을 덧붙이는 일기쓰기 연습은 학생들의 논

리적인 사고력을 키우는 데 큰 도움을 준다. 논리적인 사고력은 하루 만에 길러지는 것이 아니므로 꼭 대회를 준비하기 위해서라기보다는 장기적인 안목으로 글쓰기를 바라보며 꾸준히 연습해두는 것이 바람직하다. 신문일기쓰기, 토론일기쓰기, 독서일기쓰기 등 다양한 일기쓰기 방법을 통해 글을 읽고 그 글에 대한 자신의 생각을 표현하는 연습을 꾸준히 해보자. 논리적인 사고력뿐만 아니라 풍부한 상식도 함께 키울 수 있다.

학업성취도평가와 수행평가에 관련해서는 앞의 6월 생활법에 모두 안내해 두었다. 11월 혹은 12월 초에 치러지는 학업성취도평가는 일 년을 마무리하는 의미에서 학생들이나 학부모님 모두 큰 의의를 두는 시험이나 시험 자체에 의의를 두기보다는 평소 실력을 점검한다는 편안한 마음으로 시험에 임하는 것이 좋다. 1, 2점 덜 받아온다고 해서 내 아이의 미래가 달라지는 것은 아니니 성적에 너무 연연해하지 말자.

12월의 주요 학교행사

- 학부모상담주간
- 수행평가마무리
- 불우이웃돕기
- 겨울방학식

겨울방학식이 있는 12월은 이제 초등학생들에게는 한숨 돌리는 시기이다. 수행평가도 거의 다 끝났고 학업성취도평가도 다 봤기 때문에 학교에 가는 발걸음도 가벼운 즐거운 나날들이 바로 12월이다. 그러나 막상 방학을 하면 다시 바빠지기 때문에 아이들은 12월에 학교에서 빨리 진도를 끝내놓고 재미있는 활동들을 많이 하며 놀고 싶어 한다. 방학을 기다리는 날들이 아니라 바쁜 방학이 시작되기 전 그야말로 신 나게 놀고 싶은 날들인 셈이다. 12월에는 방학식이 있고 나이스 상에 수행평가를 모두 마무리지어야 하기 때문에 특별한 학교행사는 그다지 많지 않다.

일 년을 마무리하는 학부모상담

학년 초와 학년 말에 대부분의 학교에서는 학부모상담주간이 포함되어 있다. 원하는 학부모님들은 신청서를 제출하고 담임선생님과 시간을 조율하여 학부모상담에 참여할 수 있다. 과거에는 아이가 학교생활을 잘하고 있다면 부모님이 굳이 상담 신청을 하지 않았으나 요즘은 많은 부모님이 상담에 적극 참여하고 있다. 아이의 학교생활에 대한 부모의 알 권리를 제대로 챙기시는 것 같아 흐뭇할 따름이다. 일 년을 마무리하는 학부모상담에 참여할 때 선생님께 어떤 부분을 여쭤보면 좋을까? 그리고 상담에 임할 때는 어떤 마음가짐으로 임해야 할까? 많은 부모님이 고민하는 부분들일 것이다.

학부모상담은 마음을 비우고 아이의 모든 것들을 겸허하게 받아들인다는 자세로 임하는 것이 좋다. 아이에 대한 칭찬만을 듣기 위해 귀한 상담 시간을 쪼개어 방문하는 것은 아닐 것이다. 내 아이의 행동에 대한 객관적인 이야기를 담임선생님에게서 듣지 못하면 나중에 더 큰 문제들이 발생하게 될 수도 있다. 열린 마음으로 받아들이되 담임선생님과 함께 문제에 대한 해결책을 고민해보자. 내 아이의 행동에 대해 객관적인 평가를 받아들이지 못하는 분들에게 입을 열 선생님은 아무도 없다. 그러나 진지하게 받아들이는 분들에게는 선생님도 그 해결책까지 함께 제시해주실 것이다. 자식 문제만큼은 마음을 깨끗하게 비우고 듣는다는 각오로 상담에 임하자. 학교폭력 가해자나 대부분 학급에서 많은 문제를 일으키는 아이들의 부모님이 아이의 문제에 마음을 열고 받아들이지 못한다는 특징을 공통으로 갖고 있음을 알아야 한다.

열린 마음으로 상담에 임할 준비가 되었다면 다음으로 아이의 전반적인 영역에 대해 골고루 여쭈어보도록 한다. 학과공부, 교우관계, 생활태도, 남을 배려하는 마음, 독서습관 등 여러 영역에 걸쳐 골고루 아이의 학교생활에 대해 질문을 드리고 답을 구한다. 부족한 점에 대해 집중하지 말고 언젠가는 고칠 수 있을 거라는 편안한 마음으로 선생님의 답변을 경청하자. 담임선생님도 아이에게 완벽함을 요구하시지는 않을 것이다. 다만 보완해야 할 점에 대한 조언은 해주실 수 있다.

다음으로는 특별히 아이에 대해 고민하고 있는 부분에 대해 질문을 드린다. 부모가 고민하는 부분이 학교에서는 사실 아무렇지도 않은 일이 될 수도 있고, 또 부모가 아무렇지도 않게 생각하는 일이 학교에서는 심각하게 받아들여질 수도 있기 때문에 서로 합일점을 찾는 과정이 필요하다.

아이의 문제를 덮어두려고만 하는 태도는 옳지 못하다. 나는 학기 초에 과감하게 아이의 행동에 대해 고민하고 있는 부분을 담임선생님께 말씀드리고 함께 고민을 나눈다. 일 년이 지나고 나면 아이의 문제행동은 대부분 학교와 부모의 노력을 통해 개선되었다. 아이가 좀 부족한 면이 많다고 느껴질지라도 함께 고민을 나누는 것을 두려워하지 말자. 덮어둘수록 문제는 눈덩이처럼 커질 뿐이다. 사실을 있는 그대로 공개하고 나누며 도움을 구하자.

일 년을 마무리하는 상담은 대부분 아이의 문제행동에 집중하기보다는 아이와 함께 보낸 일 년을 추억하는 시간이 되곤 한다. 12월 학부모 상담주간에 학부모님과 웃으며 아이의 행복했던 일 년을 추억할 수 있으려면 교사의 노력뿐만 아니라 학부모의 노력도 함께 필요함을 잊지 말자. 많은 부모님과 웃으며 아이가 얼마나 달라졌는지, 얼마나 좋아졌는지에 대해 이야기를 나눌 때면 나는 교사로 살아가고 있는 것에 큰 보람을 느낀다. 또 그렇게 웃으며 이야기할 수 있도록 최선을 다하여 노력하고 있다.

선행학습 전에 충분한 복습하기

선행학습보다는 복습이 더 중요하다는 것은 앞서 반복해서 말씀드린 부분이다. 너무 앞서서 미리 공부하는 것은 좋지 않다. 특히 이미 다 알고 있다고 생각하고 중요한 부분을 놓치게 되는 문제는 선행학습을 하고 있는 아이들에게 공통적으로 나타난다. 굳이 선행학습을 해야겠다면 방학이 시작되기 전 학년이 마무리되어가는 12월에 학과공부를 총정리한다는 의미에서 꼭 복습을 하도록 한다. 또한 방학이 되었다 하더라도 그동안 단원평가를 80점 이하로 받아온 어린이들은 선행학습을 하기보다는 방학 역시 총복습을 하는 기간으로 보내는 것이 현명하다. 다른 아이들은 다 하고 있는데 나만 하고 있지 않다는 자존심을 앞세울 필요는 없다. 자존심보다는 현재 내 아이의 실력을 높이는 것이 더 중요하기 때문이다.

친구들과 마지막 추억 만들기

겨울방학을 해도 학원을 통해 친구들과 지속해서 만날 수는 있지만, 학교에서 생활했던 것처럼 한꺼번에 여러 친구와 교류하기는 어렵다. 방학식을 하기 전에 친구들과 방학 전 추억 만들기를 한 가지씩 해보자. 가장 좋은 것은 받고 싶은 선물 한 가지와 편지를 교환하는 것인데, 친구의 정성이 담긴 소중한 선물과 편지를 받고 나면 저절로 고마운 마음이 생기게 마련이다. 받기만 하는 것보다 친구를 위해 무엇인가를 주는 일에 요즘 아이들은 너무 인색하다. 방학식 하기 전 좋은 추억 만들기의 하나로 꼭 도전해보자.

새 학년을 준비하는 초등 2월 생활법

현재 교육 시스템에서 2월은 아주 애매한 시기이다. 학기말고사와 교과 수행평가까지 모두 마친 상태이기 때문에 아이들 마음은 이미 교과서학습에서 떠나있다. 교사들은 밀려드는 업무처리에 정신없이 바빠 학년 말 마무리 작업에 어려움을 호소한다. 부모님 역시 초미의 관심사는 이번 학년의 마무리가 아니라 다음 학년을 어떻게 보내야 할까 하는 것으로 모이기 마련이다. 이런 애매한 시기의 2월 한 달을 알차게 보내면 다음 학년을 시작하는데도 어려움이 없다.

보람있는 2월 한 달 간 생활로 행복한 새 학기를 맞이해보자.

초등생활 80%는 인간관계이다

초등학교 아이들에게 가장 중요한 것은 인간관계이다. 요즘에는 보통 초등학교부터는 거주지를 잘 이동하지 않기 때문에 한번 친구는 중·고등학교까지 죽 이어진다. 아이들은 친구를 통해 힘든 학교생활에서 위안과 행복을 얻는데, 이 관계가 제대로 진행되지 않으면 학과공부에까지 큰 영향을 주게 된다. 엄마 아빠가 맞벌이를 해서 또래 엄마들과 인맥 관계를 형성하지 못하더라도 아이의 교우관계가 원만하게 이루어지고 있다면, 아이의 학교생활도 무리 없이 잘 이어질 수 있다.

보통 아이들이 학교생활에서 어려움을 호소하는 이유는 대부분 친구관계 때문이다. 친구관계가 원만하면 학과공부에 스트레스를 받고 있다 하더라도 슬기롭게 헤쳐나갈 수 있는 힘이 생긴다.

사람은 사회적 동물이기 때문에 혼자서는 살아갈 수 없다. 내가 어렵고 힘들 때 나를 든든하게 지지하고 받쳐주는 인간관계는 필수적이다. 2월은 아이들이 학과공부에 부담이 적은 시기이기 때문에 인간관계를 돈독히 다져주는 절호의 기회가 될 수 있다.

봄방학 전후로 친구들을 집으로 초대해서 즐겁게 놀 기회를 만들어주자. 컴퓨터 게임을 하게 되면 상호작용이 일어나기가 어려우니, 컴퓨터와 TV 전원을 차단하고 거실과 방에서 다양하게 놀 수 있도록 깨끗하게 정돈해 주면 좋다. 아이들끼리 만들고 놀 수 있는 요리 활동, 만들기 활동을 할 수 있는 도구가 있다면 더 재미있는 놀이 활동이 될 수 있을 것이다.

혹은 마음 맞는 엄마들끼리 날짜를 잡아 아이들과 함께 농촌체험마을을 방문하여 딸기 따기도 해보고 인절미도 만들어서 나누어 먹어보는 활동을 하는 것도 좋다. 한번 야외에서 뜻을 맞춰 놀아본 아이들은 다툼이 일어나더라도 쉽게 화해를 할 수 있게 된다.

독서활동에 비중을 두자

책 읽기 좋아하는 아이들에게 2월은 그야말로 황금 같은 시간이다. 방학 동안 열심히 공부했던 내용을 가볍게 정리해가며 풍부한 독서 활동이 이루어질 수 있도록 시간을 배분해보자. 영역별로 읽을 책의 목표를 정해놓고 한 권씩 성취해가는 기쁨을 누려보자. 읽은 책의 내용은 간단하게라도 독서기록장을 만들어 기록해두자. 나중에 입학사정관제를 대비하여 공부해야 할 때에도 독서 후 활동을 해본 경험은 많은 도움이 될 것이다.

읽기능력은 전 교과에 걸쳐 고루 영향을 미친다. 초등학교 4학년 이후의 학습의 세세한 부분은 독서능력이 결정한다고 해도 과언이 아니다. 책을 많이 읽는 것도 중요하지만, 책을 제대로 읽을 줄 아는 능력도 중요하다. 학원에 다녀와서 부족한 부분을 보충하는 데 많은 시간을 보내는 요즘 아이들에게는 안타깝게도 마음 다잡고 책 읽을 시간이 부족하다. 그래서 상대적으로 여유로운 2월이 절호의 기회인 셈이다.

지난 1년의 포트폴리오를 만들어 정리해두자

학교생활을 1년 보내고 나면 정리할 만한 자료들이 많이 쌓이게 된다. 학교에서 꾸준히 풀어온 수행평가 학습지도 있고 일기장도 있고 체험학습 보고서도 있고 미술 시간에 만들었던 작품들도 있을 것이다. 체험학습보고서와 일기장은 따로 정리해서 모아두고 나머지 활동의 결과물들은 모아서 하나의 파일에 정리하여 보관해두자.

최근 학습의 흐름은 결과보다는 과정을 중시하고 있다. 과정을 중시하는 교육은 시대적 흐름과도 일치하기 때문에 이제부터는 아이가 어떤 점수를 받았느냐에 치중하기보다는 아이가 어떻게 학교생활을 보내고 있느냐에 관심을 기울여야 한다. 한꺼번에 몰아서 공부하는 버릇보다는 하루하루의 일상을 알차게 보내는 게 더 중요하다는 이야기이다. 담임선생님이 교무업무시스템에 올려주시는 몇 줄의 글만으로는 아이의 생활에 대한 기록을 증명하기에 부족하다.

내 아이들인 삼 남매에게는 개인 파일이 세 개씩 있다. 한 개는 상장과 성적표 등을 모아두는 파일이다. 다른 한 개는 교과서여행을 다녀온 후 활동 결과물들을 모아놓은 파일이다. 나머지 한 개는 유치원과 학교에서 활동했던 결과물들을 모아놓은 파일이다. 그리고 일기장은 나중에 한꺼번에 묶어서 제본하여 책으로 만들어준다.

개인적으로 독서 체험학습 관련 내용은 포털 사이트에 개인 블로그를 만들어 일기처럼 기록을 올려볼 것을 추천한다. 아이가 개인적으로 연구한 결과물들이 일목요연한 흐름에 따라 알아보기도 쉽고 귀중한 기록이 되어주기 때문이다.

다음 학년을 대비한 계획표를 짜보자

2월은 3월부터 시작되는 새로운 학년을 장기적으로 계획해보는 시간으로 삼아보자. 세부적인 계획은 매달 다시 작성하는 것이 좋다. 2월에는 큰 목표만 세워보도록 하자. 예를 들어 영역별로 읽을 책의 목표 권수를 정해본다든지 배우고 싶은 운동을 정해 꾸준히 실천할 수 있는 계획표를 작성한다든지 부족한 과목의 공부를 어떻게 보충할 것인지 계획해본다든지 하는 굵직굵직한 계획들 위주로 작성해보는 것이 좋다.

너무 거창한 계획은 실천 불가능할 뿐만 아니라 계획을 실천하기도 전에 좌절감만 안겨줄 가능성이 있기 때문에, 실천할 수 있는 수준으로 난이도를 조절하는 것이 좋다. 현재 나의 실천 가능 수준에서 조금씩 더 올려잡는 수준으로 조절하면 된다. 장기적인 목표를 갖는 생활과 그렇지 않은 생활은 마음가짐에서부터 큰 차이를 보인다. 목표가 뚜렷하면 그 목표를 향해 매진하는 삶의 의욕도 함께 생기기 마련이다.

고마운 선생님께 편지를 써보자

아이들에게 감사의 마음을 가르치는 것은 삶의 큰 버팀목을 만들어주는 것과 같다. 감사와 존경의 마음은 사람의 마음을 움직이게 하는 기본이기 때문이다. 아무리 현실의 인간관계가 실리를 추구하는 방향으로 움직인다 해도 인간은 사회적 동물이기 때문에 내 마음에 감동을 주는 사람에게 더 큰마음이 가는 것이 인지상정이다.

물질이 아닌 마음으로 사람을 감동시키는 방법은 실제로도 감사의 마음을 몸에 배게 하는 데 있을 것이다. 사람의 마음을 물질로만 움직이려 하고 베풀어준 은혜에 감사하기보다는 나 개인의 이익만을 추구하기 때문에 인간관계가 무너지는 것이다.

그동안 감사했던 선생님들께 감사의 편지를 준비해보자. 담임선생님뿐만 아니라 여러 교과 선생님들께도 감사의 마음을 표현해보자. 감사의 마음을 가르치는 것만으로도 큰 교육이 된다. 선생님뿐만 아니라 사랑하는 부모님, 사랑하는 친구들에게도 고마움의 표현을 해보자. 나누어준 감사와 사랑의 마음은 그 배로 돌려받을 것이다. 인간에 대한 신뢰와 사랑을 배울 수 있는 소중한 시간이 되어줄 것이다.

2월은 애매한 기간이라 흘려보내면 아무런 의미 없이 지나가기 쉬운 기간이다. 학습도 중요하지만, 의미 있는 활동들을 통해 아이가 사회생활을 할 때 강하고 따뜻하게 성장할 수 있도록 해주는 기본바탕을 만들어주는 것은 어떨까?

PART 3에서는 초등 학교생활에서 꼭 챙겨봐야 할 월별 생활법에 대하여 살펴보았다. 하루하루를 알차게, 계획적으로 생활하는 습관만 몸에 잘 배어 있다면 초등 학교생활 역시 야무지게 꾸려갈 수 있을 것이다.

PART 4에서는 초등학생 자녀를 키우면서 만날 수 있는 고민들의 여러 상담 사례를 제시하여 부모님들의 고민을 덜어드리고자 한다.

물건을 잘 챙기지 못하고 수업시간에 떠들어요

■ 상담 사례 **초등학교 2학년 어린이**

선생님, 도와주세요. 아이에 대한 고민이 몇 가지 있어 이렇게 글을 올립니다. 아이에 대한 고민은 다음과 같아요.

❶ 우리 아이가 물건을 잘 챙기지 못합니다

연필을 잃어버리는 건 기본이고 필통, 실내화 주머니, 어제는 가방까지 학원에 놓고 그냥 집에 왔습니다. 잘 챙기라고 얘기는 하지만 그 당시만 그럴 뿐 별 소용이 없는 것 같습니다.

❷ 수업시간에 떠들어서 선생님께 혼나요

2학년 학기 초에 선생님과 상담했을 때 내용인데요. 우리 아이가 자꾸만 떠든다고 합니다. 선생님께서 말씀하실 때는 집중하고 떠들지 말라고 타일러서 많이 개선되었다고 생각했는데, 아이가 학교에서 종종 혼이 나는 것 같아 속상합니다.

수업시간에 친구들이 장난을 걸거나 말을 시키면 하지 말라고 얘기를 하다가 계속 친구들이 말을 걸거나 장난을 치면 같이 맞장구를 칠 때도 있지만, 화가 나서 하지 말라고 말을 하는데 목소리가 너무 커서 선생님께 들키고 우리 아이만 혼난다고 하네요.

③ 제가 우리 아이를 봤을 땐 학교에서 무진장 개구쟁이인 것 같아요

선생님이 안 계실 땐 쉬는 시간에 춤도 추고, 웃긴 개그도 하고, 여자 아이들이 우리 아이가 재미있다며 귀여워할 정도라고 합니다. 이대로 놔둬도 좋을지 모르겠어요.

④ 알림장에 없는 학급행사 준비물이나 선생님 말씀을 집에 와서 얘기하지 않아요

알림장에 있으면 제가 보고 챙겨주면 되는데, 가끔은 알림장에 없는 준비물 등이 있더라고요. 제가 보기엔 별 관심이 없는 것 같아요. 도대체 어떻게 하면 좋을까요?

이제 아이가 3학년에 올라가는군요. 저는 어머니의 글을 읽으면서 우리 반 아이들이 생각나 처음에 많이 웃었답니다. 제가 "조용히 해라. 조용히 해라. 친구들 공부에 방해되지 않니?" 하고 앞에서 말하고 있어도 도대체 누구에게 말하고 있는지도 모르고 계속 종알거리며 떠들던 귀여운 꼬마 아이들이 이제 4학년에 올라간답니다. 즉, 어머니께서 내 아이의 문제로 지금 크게 생각하고 있는 것들이 사실은 교실에서 흔히 볼 수 있는 풍경이라는 거예요. 그러니 일단 너무 걱정하지 마시고 마음 놓으시라는 말씀 먼저 드릴게요.

1. 물건을 잘 챙기지 못해요

아드님이 모든 물건을 다 잘 챙기기에는 아직 어리다는 사실을 먼저 기억해주셨으면 좋겠어요.

학기 초에 저는 교실 뒤에 상자를 하나 만들어놓고 교실에 굴러다니는 연필, 필통, 지우개, 가위, 풀 등의 학용품을 주워다 넣어둬요. 그리고 아이들에게는 잃어버린 물건이 상자 안에 있으면 찾아가라고 합니다. 하지만 아무도 찾아가지 않습니다.

그만큼 어린 연령대의 아이들은 자기 물건들을 어른처럼 심각하고 중요하게 생각하지 않는 경우가 많아요. 또 고학년 아이들은 안 그러는데 저학년 아이들은 방과 후에 교실에 자주 와요. 뭔가 한두 개는 꼭 잊어버리고 놓고 가서 다시 찾으러 오는 겁니다. 엄마들이 아이들 물건 제대로 챙기게 하려고 잊고 온 물건을 꼭꼭 챙겨오게끔 훈련하시더군요.

아이들은 완벽하지 않아요. 공부 잘하고 똑똑한 아이들도 다 이와 같은 실수를 합니다. 저희 반 어머니들처럼 잊어버리고 깜빡한 물건은 꼭 다시 챙겨오게 하신다면, 나중에는 다시 찾으러 가기 귀찮아 꼬박꼬박 잘 챙겨갈 겁니다. 학기 초에 물건에 네임펜으로 이름을 크게 써 놓는 것도 잊지 마시고요. 학기 초에 저는 인터넷으로 아이들 이름을 캐릭터가 그려진 예쁜 견출지에 새겨 주문해서 일 년 동안 모든 물건에 이름표를 붙여줍니다. 이름이 붙은 물건은 주인을 찾기가 쉽거든요.

나이가 들면 서서히 해결될 문제이지만, 다만 가끔 교실에서 보면 집에 갈 때 책상 위에 책을 수북이 쌓아놓고 그냥 가거나, 연필이나 필통을 바닥에 던져놓고 가는 아이들을 가끔 보게 되는데 이는 학습태도와도 연결되더라고요. 이럴 때는 주의를 따끔하게 한 번 정도는 줄 필요가 있을 거예요.

그렇지 않고 깜빡깜빡하고 물건을 놓고 온다면 그때마다 다시 제대로 찾아오는 연습을 시키시는 게 가장 효과가 빠르지 않을까 싶습니다.

2. 수업시간에 떠들어서 선생님께 혼나요 & 3. 무진장 개구쟁이인 것 같아요.

두 가지 한꺼번에 답변 드릴게요. 수업시간에 떠드는 아이들이 안 떠드는 아이들보다 더 많습니다. 적어도 그 나이 때는요.

다만 선생님께서 학기 초부터 심각하게 말씀하셨다면 아마 아드님이 주도해서 떠들고 있을 가능성이 큽니다. 그리고 "수업시간에 친구들이 장난을 걸거나 말을 시키면 하지 말라고 얘기를 하다가 계속 친구들이 말을 걸거나 장난을 치면 같이 맞장구를 칠 때도 있지만, 화가 나서 하지 말라고 말을 하는데 그때 목소리가 너무 커서 선생님께 들켜서 우리 아이만 혼난다고 하네요." 이 부분에서 제가 그 상황이 상상이 가서 슬며시 미소가 지어졌는데요. 이건 아이 대부분이 집에 가서 하는 말 중 하나예요. 하지만 일부러 거짓말하는 건 아니에요. 아이는 정말 남들도 다 떠들었는데 자기만 혼난 걸로 생각하고 있거든요. 그런데 교실에서의 상황은 교사의 한눈에 다 보여요. 분명 그렇지 않았을 겁니다.

공부를 잘하고 있는 아이라면 교실에서 큰 소리로 떠드는 행동에 대해 먼저 "아, 선생님께 너만 혼나서 정말 속상했겠네." 하고 무조건 처음에 아이의 마음을 공감하며 어루만져 주세요. 그런 다음, 수업시간에 다른 친구가 말을 걸 때 대꾸를 하는 것도 큰 잘못이라는 말씀을 꼭 해주셔야 해요. 그리고 아주 엄숙하고 진지한 상태에서 다음에 한 번 더 이와 같은 일이 생기면 크게 혼이 난다는 걸 경고해 주셔야 하고요. 선생님과 어머니께서 끊임없이 소식을 주고받고 계시다는 걸 아이에게 알려주셔야 합니다.

아드님이 여자아이들에게 귀여움받는 개구쟁이라면 아이들이 부정적으로 인식하고 있는 아이는 아니니 큰 걱정은 안 하셔도 됩니다. 아드님처럼 아주 귀여운 개구쟁이들이 저학년 교실에 가면 여러 명 있답니다. 그리고 계속 어머니가 이와 같은 문제를 인지하고 계신다면 학년이 올라갈수록 점점 좋아질 거라 확신합니다.

3. 알림장에 없는 학급행사 준비물이나 선생님 말씀을 집에 와서 얘기하지 않아요

당연히 안 할 겁니다. 하는 아이들이 별로 없거든요. 그래서 저는 3학년까지는 아예 알림장을 매일 프린트해서 붙여줍니다. 이 시기의 아이들은 자기중심적이라 자기가 중요하지 않다고 생각되면 알림장에 안 적어갑니다. 그래서 교사나 학부모나 이를 관리하기가 너무 힘이 들지요.

알림장 관리는 매일 하시고, 한 달 정도는 아이가 꼼꼼하게 적어왔는지 빼먹은 것은 없는지 점검해 주세요. 알림장을 잘 챙기고 안 챙기고는 부모가 처음에 어떻게 훈련을 시켜주느냐도 한몫을 차지합니다. 하지만 이 역시 서서히 시간이 지나면 나아질 거예요. 학교행사 중 중요한 내용은 학교 홈페이지 공지사항에 그날그날 올라가니 수시로 홈페이지를 점검하시면, 이제 3학년 되었을 때 학교의 주요행사 등은 놓치지 않으실 거예요.

어느 아이들에게나 있는 문제를 너무 크게 고민하고 계신 것 같아 용기 내시라는 말씀드립니다. 늘 반복해서 말씀드리지만, 이 모든 것들을 다 잘하는 엄친아, 엄친딸은 이 세상에 없답니다. 다들 누구나 빈 구석을 가지고 있고 그것들을 차츰 메워가며 성장하는 게 아니겠어요? 아이들에게 인기 있는 귀여운 아드님을 두셔서 부럽습니다.

맞벌이 부부의 똑소리 나는
초등학생 키우기 노하우가 궁금해요

■ 상담 사례 초등학교 2학년 어린이

안녕하세요.

우리 아이는 지금 2학년이고요, 맞벌이 부부예요.

1학년부터 아이를 맡길 곳도 없고 불안한 마음에 여러 학원을 보내게 되었습니다.

보습, 영어, 태권도, 미술, 한자. 제가 봐도 아이가 지칠 만하다고 생각해요. 그래도 다행히 다른 학원은 다 잘 다니고 있는데, 유독 보습학원은 가기 싫다고 하네요. 아이가 보습학원을 싫어하지만, 엄마가 회사 다니느라 바빠서 아이에게 공부를 가르쳐줄 수 없다고 설명해줬어요. 마음이 많아 아팠답니다.

그런데 선생님의 글을 읽고 아이 혼자서도 할 수 있겠다는 생각을 하게 되었어요.

문제는 아이 교육을 어떻게 해야 할지 제가 감을 잡을 수 없다는 거예요. 문제집을 풀게 해야 하는지, 아니면 교육방송을 보게 해야 하는지……. 정말로 감이 안 와요. 어디서부터 어떻게 해야 할지 모르겠어요.

이제 3학년에 올라가면 과목수도 늘어나는데 그걸 어떻게 다 해야 하는지 눈앞이 캄캄해요.

저 정말로 한심한 엄마인가 봐요. 아이나 저나 한동안은 수많은 시행착오를 거쳐야 할 것 같습니다. 제가 아이에게 어떻게 해야 하는지 자세히 알려주세요. 아이와 제가 빨리 안정을 찾을 방법이 절실합니다.

선생님께 도움의 말씀 부탁합니다.

■ 선생님의 답변

안녕하세요!

저랑 처지가 비슷한 맞벌이 엄마이신 것 같아 더욱 반갑습니다. 한 가지 차이가 있다면 저는 세 아이가 있고 퇴근 시간이 한 시간 정도 빠르다는 것, 이뿐인 듯해요. 저도 늘 이 문제 때문에 힘들어하고 있고 여러 가지 시행착오를 거치며 이리저리 수정하여 오늘에 이르렀습니다.

아마 어머니가 하시는 고민은 맞벌이하고 계신 분이라면 누구나 고민하는 문제가 아닐까 싶어요. 저도 늘 너무 빨리 수업을 마치는 아이들의 시간 활용이 고민이랍니다. 유치원 때야 온종일 돌봐 주니 엄마들이 걱정이 없었지만, 초등학교에 들어가면 그게 아니니까 너무 힘들지요. 1, 2학년 그 어려운 시기도 잘 이겨내셨으니 이제 3학년부터는 시간 관리적인 측면에서 덜 힘드실 거예요. 너무 걱정하지 마세요. 아이도 그만큼 자라기 때문에 엄마의 고민을 덜어줄 거라 믿어요.

학교에서 보면 맞벌이 부부의 자녀라고 해서 학습이나 생활면에서 부족한 점은 거의 찾아보기 어려우니, 일단 너무 걱정하지 마시라는 말씀을 드립니다. 특히 맞벌이 부부의 아이들은 자율적인 생활태도만 잘 길러주면 누구보다 더 야무지게 잘 생활해낸답니다.

하지만 맞벌이 가정이라 해서 아이를 공부하는 학원에 너무 오래 보내는 것은 옳지 않다고 생각해요. 저학년을 맡아보면 아이들은 4교시가 넘어가면 거의 다 뒤로 넘어갑니다. 정신적으로 인지적인 수업을 버티는 데 한계가 오기 때문이에요. 학교수업은 읽고 쓰고 익혀야 하는 내용이 많습니다. 그리고 뛰어노는 수업은 일주일에 고작 두세 번에 불과해요.

점심 먹고 6교시가 든 날에 자리에 앉아서 수업 듣기란 정신력과 체력과의 싸움인데, 저학년 친구들은 이 두 가지가 모두 취약해요. 그래서 학교수업 듣고 또 수업을 들어야 하는 형태의 학원은 아이들에게 이중적인 고통만 안겨줄 뿐이라고 생각합니다. 아이가 방과 후에 시간적 여유가 있을 때는 놀이 활동이나 예체능 활동을 하게 하여 정서적으로 밝고 안정되게 이끌어주실 것을 권해 드립니다.

요즘은 학교마다 방과 후 교육프로그램이 정말 잘 이루어져 있답니다. 수업이 끝난 후에는 대체로 학교에서 실시하는 방과후 예체능 활동을 하며 시간을 보내고, 중간중간 남는 시간에는 학교도서관에서 책을 빌려 읽도록 연습을 시켜두면 여러 가지로 도움을 받으실 수 있을 거예요. 도서실에서 읽은 책의 제목과 내용은 간단하게 독서록 공책에 매일 한두 줄 기록하게 하여 퇴근 후에 체크만 해주세요. 꾸준히 하신다면 아이의 독서습관을 자기 주도적으로 잡아주는 데도 도움을 받을 수 있을 겁니다.

이제 아이의 공부 문제를 고민해보겠습니다. 아이와 무엇을 직접 해야겠다는 생각은 과감하게 접어보세요. 하루 이틀은 책 붙들고 같이 씨름하겠지만 결국은 나중에 지치게 됩니다. 이럴 때는 아이가 스스로 시간을 관리하게 하고, 엄마는 체크만 해주는 방법을 사용하는 것도 좋습니다.

매일 아침 아이가 해야 할 공부 내용을 포스트잇에 써서 냉장고에 붙이고 출근해보세요. 아이가 학교 다녀와서 포스트잇의 내용을 보고 그대로 해놓으면 엄마는 퇴근하고나서 문제집 채점이나 쪽지 시험 등을 통해 체크만 하면 되니까요. 저는 너무 바빠서 아이들을 앉혀놓고 붙들고 가르치진 않습니다. 대신 틀린 문제를 중심으로 오답풀이를 자세하게 해주는 편이에요.

대체로 방학을 준비하는 시기에는 1, 2학기 총정리를 하고, 방학이 시작되면 다음 학년 내용 중에 한 학기만 선행학습을 합니다. 학기 중에는 사회, 과학도 보충할 시간이 별로 없어서 방학 중에 탐구영역에 해당하는 과목은 체험학습과 다녀온 내용 정리하기 및 교과서 읽어보기 등을 통해 미리 한 번 죽 훑고 갑니다. 다만, 교과서 내용에 미리 답을 달아 놓진 않습니다. 그렇게 지도하면 학교수업을 잘 듣지 않는 아이들이 많기 때문이에요.

지금도 충분히 잘하고 계시지만 아이가 보습학원을 빼달라고 하면 과감히 빼고, 그 시간에 도서관에서 책을 읽게 하거나 차라리 아이에게 휴식 시간을 주시는 것이 좋습니다. 당장 학원을 끊는다고 해서 아이가 공부를 못하게 되지는 않을 테니 두고보세요. 대신 자유롭게 남는 시간을 아이가 슬기롭게 활용할 수 있도록 연습시켜주세요. 자기 주도학습은 이처럼 아이에게 스스로 공부할 내용을 정하고 점검할 기회를 주어야 이루어질 수 있답니다.

모든 것은 습관입니다. 처음에는 습관화하는 데 어려움을 겪지만 아이 몸에 배게만 하면, 고학년으로 올라갈수록 편해지실 겁니다. 올해 3학년을 맡고 보니 아이들이 학기 초에 대단한 혼란기를 겪기는 했지만, 또 곧잘 적응하고 열심히 생활하더라고요.
너무 걱정하지 말고 힘내시기 바랍니다. 엄마가 자신감 있고 당당하면 아이도 그렇게 씩씩하게 따라올 겁니다.

때리는 아이에게
어떻게 대처하라고 해야 하나요?

■ 상담 사례 **초등학교 1학년 어린이**

우리 아이는 이제 초등학교 1학년 남자아이입니다.

아이는 나름대로 학교생활에 적응하면서 잘 다니고 있습니다. 저도 엄마들과의 교류를 위해 모임과 청소에 열심히 참여하고 있고요.

하지만 몇 번의 모임에서 나온 말들을 듣고, 제 교육관과 너무 다른 의견에 속으로만 놀라고 있다가 글을 쓰게 되었습니다.

특정한 아이를 거론하면서 시작된 이야기는 아니고요. 학교에서 아이들끼리 토닥거리거나 그럴 때 맞은 아이가 어떻게 해야 하는지에 대한 내용이었습니다.

저는 지금까지 '폭력'은 절대 금지라고 교육해 왔습니다.

상대방이 먼저 때리면, 우선 단호하게 "하지 마, 그만해."라고 의사표현을 확실하게 하고, 그 이후에도 계속 그러면 선생님께 말씀드리라고 가르쳤어요.

그래도 때리면, "그래도 너는 절대 함께 때리지 마라. 차라리 피해."라고 아이에게 말해왔거든요.

그런데 다른 엄마들은 저와 생각이 다르더라고요.

아이에게 "절대로 먼저 때리지 마라, 그리고 상대방이 때리면 말로 '하지 마.'라고 말하고, 그래도 때리면 함께 싸워라."라고 말한다고 합니다.

맞기만 하고 맞서 싸우지 않으면, 무시하고 계속 괴롭힌다는 거예요.

그런 말들을 들으면서 제가 지금까지 아이를 지도한 게 비현실적인 거였나 하는 생각이 들더군요. '저도 앞으로 좀 바뀌어야 하나?' 하는 고민까지 하게 됩니다.

물론, 제 교육방침에도 불구하고 우리 아이 역시 학교에서 다른 아이들과 싸우기도 하고, 때리기도 하고, 맞기도 합니다. 집에서 가르친 대로 아이가 생활하는 것만은 아니더군요. 저만 현실파악을 못 하고 이상적인 교육관에 매달리고 있는 것인지 걱정스럽습니다.

선생님의 조언을 구합니다.

안녕하세요, 반갑습니다!

먼저 앞뒤 볼 것 없이 어머니의 지금 현재 가르침이 바로 정답이라는 말씀부터 드릴게요.

요즘 상대방을 배려하지 않고 폭력으로 해결하려는 아이들이 정말 많아졌지요. 그것은 어쩌면 나에게 해가 되는 존재는 때려도 좋다는 부모님의 생각에서부터 비롯된 것은 아닌가 하는 반성을 해봅니다. 내 아이가 맞기를 바라는 엄마들은 아무도 없으실 거예요. 그래서 아마 내 아이를 누가 때리면 같이 때리라는 말씀을 하시는 것 같습니다.

폭력을 정당화하는 가르침을 받은 아이들은 상대방을 때리는 것에 대해 죄의식을 갖지 않습니다. 선생님이 꾸중하셔도 부모님이 용납해준 폭력이기 때문에 상대방을 때리고도 떳떳해합니다.

어른들의 사고방식 속에는 내 아이가 피해를 볼지도 모른다는 두려움이 내재하여 있는 것으로 압니다. 그러나 아무도 내 아이 역시 똑같은 가해자가 될 수 있다는 사실을 생각하지 않기 때문에 때리라는 말을 하시는지도 모르겠습니다. 비폭력적이고 따뜻한 성품을 가진 아이들을 다른 아이들이 때리고 괴롭히는 경우는 거의 없습니다. 아이들은 대부분 따스한 성품을 가진 아이들을 참 좋아합니다. 그건 어른들도 마찬가지지요? 저 같은 경우도 늘 따뜻하게 품어주시고 인정해주시고 웃어주시는 분들이 호감이 가고 좋더라고요.

아이들이 서로 싸우는 이유는 대화로 풀어내는 능력이 부족하기 때문입니다. 어른들은 내면의 마음을 감추고 은근히 돌려서 이야기하는 재주가 있지만, 아이들은 상대방에게 불만이 있을 때 말로 표현할 수 있는 능력이 부족합니다. 상황이 이와 같은데 상대방이 내 의견에 동의하지 않거나 이의를 제기하면 분노가 이는 것은 당연하지요.

하지만 이 분노를 절제하고 다른 방법으로 해결하는 법을 알아가는 것 또한 삶의 과정이 아닐까요? 예를 들어 입이 아프도록 말다툼을 한 두 아이가 한 시간 뒤에 언제 그랬냐는 듯이 어깨동무하고 친하게 지내는 모습을 보면 아이들도 아이들끼리 놔두면 자연스럽게 화해할 줄 알고 양보할 줄도 안다는 사실을 알 수 있습니다.

하지만 이 과정을 해결하는 방법으로 폭력은 너무나 쉽고 달콤한 유혹이 됩니다. 그리고 자꾸만 누군가를 때리는 방법으로 해결하다 보면 이제 다른 방법으로는 마음속의 분노를 잠재울 수가 없게 되지요.

일방적으로 남을 괴롭히는 아이들은 분명 있습니다. 그리고 내 아이가 피해자가 될 수도 있겠지요. 그러나 그렇게 일방적으로 남을 괴롭히는 아이들은 아이들에게서뿐만 아니라 어머니들에게서조차 배척을 받게 됩니다. 남을 잘 때리는 아이들은 금방 입소문을 타게 되고, 아이들과 어머니들의 경계 대상이 되지요. 아이들 입에 자주 오르내리는 것은 앞으로 학교생활을 할 때 상당한 난관으로 작용할 수 있습니다. 어머니들은 일단 아이들 입에 자주 오르내리는 아이들을 상당히 경계하는 경향이 있고 사실상 함께 어울리지 못하도록 하십니다. 저학년일 때 대부분 어머니가 어울리지 못하게 하는 아이는 다른 아이들이 함께 놀아주지 않지요?

어머니가 말씀하신 대로 괴롭히지 말 것을 강력하게 주장하는 것만으로도 어느 정도의 폭력은 피할 수 있습니다. 또한, 가끔은 때리기도 하고 맞기도 하고 혹은 다른 아이들과 연합전선을 펼치기도 하고 양보하기도 하고 용서하기도 하면서 인간관계를 형성하는 방법을 스스로 깨우치기도 할 것입니다.

이 과정에서 부모의 역할은 너무 깊이 개입하지 말고 내 아이가 남에게 피해를 주지 않고, 더 너그럽고 넓은 마음을 가질 수 있도록 끊임없이 훈화하고 알려주는 방법이 가장 좋습니다.

아이들의 관계 역시 어른들처럼 복잡합니다. 단순히 때리고 맞고 하는 식으로만 사고하고 그렇게 관계 형성을 지도한다면 아이들과의 관계 속에서 수도 없이 벌어지는 다양한 인과관계를 이해하지 못한 채, 잘못된 관계 형성법을 지도하게 될 우려가 큽니다.

결론은 잘 지도하고 계신 것이 맞습니다. 분명 아드님은 스스로 아이들과의 관계 형성법을 터득하며 부드럽게 인간관계를 주도해나갈 거라 믿습니다.

아이의 학교생활, 어디서부터 고쳐주어야 할까요?

■ 상담 사례 **초등학교 3학년 어린이**

안녕하세요, 선생님! 저는 초등학교 3학년 남자아이를 둔 엄마입니다.

직장 다니느라 바빠서 1, 2학년 때 아이를 제대로 돌보지 못했고요. 사실 담임선생님께서 전화해 주시기 전까지는 아이가 학교에서 어떻게 생활하는지 알지 못했어요. 아이가 다른 아이에 비해 수학 등 주요 교과 성적이 크게 떨어지는 편이라 선생님 찾아뵙고 상담 드리기가 부끄러워 찾아뵙지 못하기도 했고요.

선생님 말씀이 아이가 아무것도 하지 않고 멍하니 있는 횟수가 너무 잦다고 하시네요. 그리고 청소며 기본적으로 해야 할 일을 전혀 하지 않고 자리를 온통 어지럽혀 놓은 채 그대로 집으로 가 버린다고 하십니다.

부랴부랴 알림장이며 아이 가방을 뒤졌더니, 알림장은 3월 2일 첫날 적어온 게 전부이고, 가방 안은 거의 쓰레기통이더라고요. 아차, 싶어 이제부터 아이를 제대로 돌보려 하는데, 이미 너무 오래 이런 상태가 반복된 것인지 30분 동안 호되게 꾸짖고 잔소리를 해야 뭔가를 할까 말까 하네요. 어떻게 하면 좋을까요?

아이는 집에 오면 하루 30분 이상 컴퓨터 게임을 하고요. 그 후에는 TV를 보거나 멍하니 누워서 만화책을 뒤적이다가 잠이 듭니다.

제가 마음잡고 돌봐주고 싶지만, 저도 회사 일로 일주일에 두 번 이상 집에 늦게 들어오기 때문에 마음처럼 쉽지 않네요. 애들은 놀아야지, 그래야 애들이지 하며 그냥 내버려두었던 지난 시간이 후회됩니다.

▌ 선생님의 답변

먼저 어머니의 글을 읽으니 남의 일 같지 않아 공감이 갑니다. 현재 아드님처럼 무기력한 증세를 보이는 아이들이 점점 늘고 있음을 학교현장에 근무하며 실감나게 느끼고 있습니다. 문제의 원인은 여러 가지가 있겠지만, 어머니께서 써주신 글을 토대로 분석한 이야기를 들려 드릴까 합니다.

먼저 아이의 행동에 대한 객관적인 진술입니다. 아이의 행동에 대한 객관적인 진술을 덤덤하게 받아들이실 수 있어야 해결방법도 찾을 수 있습니다.

❶ 알림장을 제대로 챙기지 않는다.

❷ 수업을 듣지 않고 멍하니 앉아 있는 횟수가 잦다.

❸ 주지 교과 성적이 기초학력 수준보다 떨어진다.

❹ 학급에서 해야 할 일을 하지 않는다.

❺ 자리 주변이 항상 어지럽다.

❻ 책가방 속이 엉망이다.

❼ 하루 30분 이상 컴퓨터 게임을 한다.

❽ 게임을 하지 않는 시간에는 TV를 본다.

지금 아이의 상황을 객관적으로 보았을 때 위와 같이 8가지로 간추릴 수 있습니다. 그리고 어머니는 지금 아이의 행동에 대한 원인도 잘 알고 계십니다. 어머니께서 분석하신 원인을 객관적으로 진술해보면 다음과 같습니다.

❶ 바쁘다는 핑계로 저학년시기에 학습과 생활을 챙겨주지 못했다.

❷ 상담할 내용이 많았음에도 선생님과 상담하지 않았다.

❸ 무의미한 일상을 보내고 있음을 알지만 바빠서 문제점을 지적할 시간도 갖지 못했다.

❹ 아이들은 놀아야 한다고 생각하면서도, 함께 놀아주지 않고 TV와 게임으로 부모의 빈자리를 대신 했다.

어머니는 아이가 1, 2학년 때부터 학교생활을 주의 깊게 살피지 않았다고 하셨습니다. 사실 유치원에서는 많은 부분 이해가 되지만, 초등학교에 입학하고부터는 규율을 지키며 생활해야 하는데 아이가 학교에서 지켜야 할 규칙이나 생활태도, 수업에 필요한 것들 모두 아이에게 알려주지 않으셨어요.

마음가짐이 갖추어진 아이와 그렇지 않은 아이들은 많은 차이가 있습니다. 알려주지 않으면 아이들은 왜 수업시간에 딴짓을 하면 안 되는지, 왜 떠들면 안 되는지, 왜 선생님 설명을 들어야 하는지 모른답니다.

특히 저학년 시기에 기본적인 생활습관을 갖추는 것은 매우 중요합니다. 아이는 알림장을 챙기는 방법, 책을 정리하는 방법, 주변을 정리·정돈하는 방법, 수업시간에 지켜야 할 태도 등 모든 것을 배우지 못했습니다.

어려운 내용이 많은 초등학교수업이 재미있을 리가 없으니 수업시간에 자연스럽게 딴짓을 할 수밖에 없었을 것입니다. 수업과 멀어지니 당연히 교육과정이 더 깊이 진행될수록 수업을 들을 수도 없었을 것입니다. 다 모르는 내용일 테니까요.

아이는 수업시간에 다른 아이들에게 방해되도록 떠들지만 않았을 뿐이지, 사실 학교생활은 제대로 이루어지지 못하고 있다고 봐야 맞습니다. 게다가 집에 와서도 아이의 생활은 달라지지 못했습니다. 아이가 놀 수 있는 대상이 게임과 TV밖에는 없었으니까요. 누군가와 신 나게 대화할 수도 없고, 운동장을 뛰어다니며 공을 찰 친구도 없고, 그렇다고 책을 보는 습관이 길러져 있는 것도 아니고, 아이는 지금 너무나 외롭습니다.

어머니와 아이를 위해 다음과 같은 해결방법을 제시해 드립니다.

노는 것은 함께하는 것이다

어머니는 지금 아이를 놀게 한다는 말씀을 하시며 게임이나 TV 등을 통해 아이를 혼자 놀게 해오셨습니다. 그것은 놀이가 아니라 방임이에요. 아이를 놀게 하는 것은 좋습니다. 적극 권장할 일입니다. 특히 초등학교 때는 많이 놀아야 합니다. 하지만 그 놀이는 함께할 때 의미가 있습니다.

저 역시 직장맘이기 때문에 퇴근 후에 얼마나 피곤하고 힘드실지 잘 알고 있습니다. 그러나 퇴근하고 돌아오시면 적어도 하루에 30분만이라도 아이와 대화하며 그날 하루 학교생활과 아이의 마음에 대해 듣는 시간을 가져주시기 바랍니다. 아이는 부모와 대화하는 시간을 통해 마음속에 쌓인 스트레스를 풀어내며 마음의 안식을 얻는답니다. 이후 쉬면서 아이가 노는 모습을 봐주고 숙제나 그날 해야 할 과제도 잠깐잠깐씩 도와주시기 바랍니다. 처음에는 확 달라지지는 않겠지만 천릿길도 한 걸음부터라는 말도 있듯이 아이는 차츰 안정되고 좋아질 것입니다.

게임과 TV를 대체할 수 있는 수단을 찾아라

하루 30분 이상 게임과 TV에 노출되어 있으면 우리의 뇌는 쉽게 피곤해져서 공부하기 어려운 상태가 됩니다. 가뜩이나 학과공부를 챙기지 못했는데 공부하기 싫어하는 마음 상태로 무엇인가를 이룰 수 있을 리가 만무합니다.

게임과 TV에 몰두하는 것은 그만큼 아이의 마음이 공허하고 외롭다는 증거입니다. 이 시간을 대체할 수 있는 다른 취미 활동을 찾아주세요. 처음에는 그동안 다른 활동을 하지 않았기 때문에 찾는 데 어려움을 겪겠지만 일단 찾아보면 얼마든지 아이가 할 수 있는 활동은 많습니다. 땀을 흠뻑 흘리며 친구들과 우정을 쌓을 수 있는 운동 학원에 보내거나 그림을 그리고 악기를 연주하는 다양한 예체능 활동을 추천합니다.

아이의 일상을 관리하고 담임선생님과 상담하라

이제 3학년인 아이 중 알림장 관리를 스스로 해내고 준비물과 숙제를 잘 챙겨오는 아이는 한 반에 5~6명 정도입니다. 대부분의 아이는 아직 많이 어립니다. 그날그날 피곤하더라도, 알림장을 확인하고 준비물도 꼭 아이가 스스로 챙길 수 있도록 옆에서 도와주세요. 정기적으로 가방을 깨끗이 비우고 모든 사물에 이름을 써서 자기의 물건은 스스로 챙길 수 있도록 지도해주세요.

또한 자주는 아니더라도 전화나 문자 정도만이라도 선생님께 가끔 아이의 근황을 묻고 상담해 늘 부모와 학교가 교류하고 있음을 아이에게 인지시켜주시는 것이 중요합니다.

기본생활습관도 하나하나 설명해 주세요. 아이가 학교에서 수업시간에 지켜야 할 태도나 친구관계에서 지켜야 할 태도 등도 부모의 설명이 꾸준히 있어야 잘 지켜나갈 수 있는 것입니다. 이 모든 것들을 배워나가며 아이 역시 바르게 성장해나갈 수 있습니다.

학교생활에 대한 초등 선생님들의 생생한 조언

기본적인 것을 갖추어 학교에 다니고 있는지 가끔이라도 확인해 주세요. 아이가 잘 알아서 할 거라고 믿는 것도 좋지만, 그 사이에 아이 인생에 큰 구멍이 생길 수도 있습니다. 일 년 내내 아이 가방 한 번 들여다보지 않는 학부모님 밑에서 꼼꼼한 아이가 자랄 수는 없겠지요. 아직 어립니다. 관심을 두세요.

– lynn1111 선생님

아무리 현란한 문구를 갖다 붙이고 유행 따라 철 따라 교육 방향이 바뀐다 해도 교육의 기본은 성실함입니다. 연필 쥐는 자세 같은 사소한 것도 제대로 가르치고 꾸준히 지도하다 보면 말로만 거창한 인성교육이 내실 있게 제대로 이루어집니다.

– 수원 청명초 김은경 선생님

아이들 아침밥을 꼭 먹여 학교에 보내주세요. 사정이 안 되는 날에는 빵조각 하나라도 좋아요. 작은 것으로 아이들은 엄마의 사랑을 느낄 수 있을 거예요. 혼낼 때는 따끔하게 혼도 내야 하지만 학교 갈 때는 꼭 기분 풀어서 보내 주세요. 아침 시간 5분이 아이의 하루를 좌우할 수 있습니다.

– 속초 영랑초 김수정 선생님

남매끼리 욕설하며 심하게 다퉈요. 어떻게 해야 할까요?

■ 상담 사례 초등학교 3학년 어린이

저는 10살, 9살, 6살 삼 남매를 키우고 있는 직장맘입니다.

그동안 아이들이 제 앞에서는 한 번도 다툰 적이 없었고 학교에서도 유치원에서도 모두 착하게 행동한다는 평가를 듣고 있습니다. 그런데 아이들을 돌봐주시는 이모님 말씀이 제가 없을 때는 막내아들이 큰누나에게 대들고 때린답니다. 처음에 그런 말씀을 전해 들었을 때는 정말 믿어지지 않았답니다.

그런데 어제 집에서 차마 입에 담기 어려운 욕설을 쓴 쪽지가 발견되었습니다. 막냇동생 욕을 잔뜩 써놓은 종이였습니다. 분명 큰아이 글씨체인데, 설마 우리 아이가 하는 생각에 놀라움을 감출 수가 없었어요.

이모님 말씀이, 큰아이가 한 달 전쯤에 막내랑 심하게 싸우고 나서 엎드려 쓴 것 같다고 하십니다.

큰아이는 평소에도 동생들 때문에 스트레스를 많이 받습니다. 게다가 둘째는 제가 뭐라 해도 실실 웃으면서 말을 안 듣는데, 언니 말은 씨도 안 먹힐 테니까요.

믿는 도끼에 발등 찍힌다더니! 엄마 앞에서는 단 한 번도 트러블을 일으킨 적이 없었던 아이들인데……. 아이들이 싸운다는 사실도 놀라웠지만, 아이들이 욕을 사용한다는 사실은 더 놀라웠습니다. 어떻게 교육해야 할까요? 답답한 마음에 문을 두드립니다.

▌ 선생님의 답변

안녕하세요. 어머니! 일단 마음의 안정을 하시라는 말씀부터 드립니다.

아마 어머니 주변 다른 사람들에게 물어보면 형제자매 간에 안 싸우고 자라는 아이들은 아무도 없을 거예요. 제가 키우는 삼 남매도 엄청나게 싸웁니다. 먹을 것 가지고도 싸우고 작은 장난감 하나에도 고성이 오가며 심지어는 별것 아닌 일에도 실랑이를 합니다.

평소에 어머니의 아이들이 의젓하고 모범적이어서 그 충격이 배가 되셨을 텐데요. 아이들은 아마 어머니께 최고의 모습을 보여주고 싶은 그런 속

깊은 아이들일 거라는 생각이 드네요. 그런 속 깊은 아이들일수록 스트레스를 겉으로 발산하지 못하고 쌓아두는 경향이 있지요. 엄마 앞에서는 보이고 싶지 않은 모습이지만, 사실 형제지간에 말다툼이 없을 수 없고 성장 과정에서 고성 한 번 오가지 않을 수가 없을 텐데 마냥 꾹꾹 눌러 담고만 있을 수는 없었을 것입니다.

자세히 살펴보면 큰 아이가 형제들로부터 받는 스트레스가 강하게 느껴집니다. 종이 한 장에 논리적으로 설명할 수 없는 분노에 찬 말들을 쏟아내는 것으로 아이는 스트레스를 풀고 있습니다. 그러나 아마 스트레스가 다 풀리지는 않았을 거예요. 엄마는 큰아이의 마음을 이해하기는 하지만 어떻게 너처럼 모범적인 아이가 욕을 할 수 있느냐며 속으로 마음 아파하고 있거든요.

즉, 엄마의 이해는 얻었지만 엄마가 내 마음을 공감해주지 않은 상태이기 때문에 아이의 마음에는 불안의 요소가 남아있을 것입니다. 게다가 응원군이 되어주어야 할 둘째마저 요리조리 피해 다니며 아이의 심기를 건드리고 있으니 가족 내에서 자신을 응원해줄 수 있는 대상이 아무도 없다는 생각에 매우 외로울 수도 있습니다. 아이가 욕을 했다는 것에 초점을 두지 말고 아이가 욕을 할 수밖에 없었던 상황에 초점을 두어보면 어떨까요? 제가 어머니와 같은 상황을 겪어봐서 큰아이의 마음이 너무나도 잘 이해가 됩니다.

교육심리학자인 알프레드 아들러는 아이들의 성격 발달에 결정적인 영향을 미치는 요인을 가정 분위기, 가족 내의 위치, 양육방식으로 크게 나누어 설명하고 있습니다. 그는 삼 남매의 성격을 다음과 같이 분석하며 가족 내의 위치 즉, 맏이인가 둘째인가 막내인가에 따라 아이들의 특징이 달라진다고 말하고 있습니다.

아들러가 이야기하는 맏이는 태어날 때부터 부모의 희망이자 등불이었어요. 그래서 온갖 관심과 사랑을 받으며 자랍니다. 그야말로 모든 교육비를 쏟아부으며 온갖 것을 다 적용해본 부모의 특별한 아이로 자라게 되지요. 맏이에게는 엄청난 잔소리를 하며 공부를 시키면서도 둘째 셋째에게는 자유롭게 놀도록 내버려두셨던 경험이 다들 있을 거예요.

맏이는 누가 뭐래도 특별할 수밖에 없어요. 대체로 맏이들은 부모의 사랑과 기대를 한 몸에 받고 있는 만큼 부모를 기쁘게 해 드리기 위해 모든 일에 최선을 다하는 경향이 있다고 합니다. 맏이들은 순종적이며 내성적이고 품행이 단정한 아이들로 자라게 될 가능성이 높다고도 하고요. 제가 키우는 삼 남매 중 맏딸 역시 아들러가 말하는 아이랑 비슷한 아이예요. 사람들로부터 칭찬받는 성격을 갖추며 자라는 맏이는 반대로 생각해보면 그만큼 잘해야 하고 잘 보여야 하는 스트레스도 높음을 짐작할 수 있지요. 어머니가 말씀하신 맏이의 모습에서 저는 아들러가 설명한 맏이의 모습을 봅니다. 맏이는 그만큼 그동안 힘들었어요. 마치 갓 결혼한 신부가 남편에게 잘 보이기 위해 남편이 잠들기 전까지 화장을 지우지 않는 것과 같은 심정이라고나 할까요?

이에 반해 둘째들은 맏이보다 외향적이며 창의적이고 자유로운 성격을 갖게 된다고 합니다. 부모는 둘째 아이에게는 맏이보다 더 관대하게 대하며 덜 규칙적이지요. 또한, 아래 동생이 있는 둘째의 경우 아래위 형제들과 경쟁 관계에 놓이게 되기 때문에 모든 것을 형제들과 경쟁하며 살아야 하므로 경쟁을 통한 학업과 운동 두 가지 일을 병행하게 되어 발전 가능성이 높답니다.

마지막으로 막내입니다. 공주와 왕자로 대변되는 막내는 가족 내에서 사랑받을 수 있는 생활방식을 본능적으로 터득해냅니다. 발달적인 측면에서는 응석받이로 자라게 되기 때문에 형제지간에 뒤처지게 될 가능성도 높습니다. 실력으로 승부를 볼 수 없으니(형제들이 나이가 많으니 당연히 막내보다 모든 것이 한 수 위겠지요.) 위의 형제들에 비해 뒤처지는 상황을 극복하기 위해 가족 전체를 교묘하게 뒤흔들고 약 올리며 치고 빠지는 작전을 주로 사용하게 된다고 합니다. 막내들이 가장 사회적응력이 빠른 아이들로 자라는 이유가 그것입니다.

물론 모든 경우에 정확히 적용할 수는 없겠지만 지금 어머니의 삼 남매 상황과 잘 맞는 것 같아 말씀드렸습니다. 형제간의 힘겨루기에서 우위를 선점하기 위해 엄마가 안 계실 때 누나를 놀리고 괴롭히고 심지어 때리기까지 하는 막내와 평소 모범적인 모습으로 부모님의 신뢰를 받아온 누나의 행동제약에 따른 스트레스가 이와 같은 일을 불러일으키지 않았을까 싶습니다. 결국, 발달과정에 따라 충분히 일어날 수 있는 일이니 마음 푹 놓으시기 바랍니다. 이제 해결방법을 찾아야겠지요?

첫째, 상처받은 누나에게 이렇게 해주세요

"그동안 막내가 너를 많이 괴롭혀서 힘들었겠구나." 하고 누나의 꽁꽁 언 마음을 녹여주시기 바랍니다. 일단 엄마가 내 마음을 알고 공감하고 있음을 느끼면 그동안 욕설로 품었던 마음이 눈 녹듯이 사라질 것입니다. 그리고 욕이 적힌 종이를 아이에게 보여주며 눈앞에서 종이를 찢어 같이 버려주세요.

"엄마가 널 이해했으니 이제 이건 영원히 없애 버리자." 하고 큰아이를 가슴에 꼭 품어주세요.

둘째, 이제 잘잘못을 가리는 시간입니다

감히 누나에게 대들었던 막내에게 왜 그런 행동을 했는지 반드시 누나 앞에서 물어봅니다. 이때 같이 흥분하면 안 되고 차분하고 이성적인 태도를 유지하는 것이 중요합니다. 막내의 이유를 들어보고 누나가 수긍할 만한 것이라면 서로 화해시키면 됩니다.

셋째, 해서는 안 될 것에 대해 정의해주세요

서로 화해했다면 이제는 절대 해서는 안 되는 행동에 대해 알려주는 시간입니다. 욕을 해서는 안 되는 이유를 말해주고 욕을 하기 전에 먼저 엄마에게 털어놓고 마음을 풀어보라고 방법을 알려줍니다. 막내 역시 누나에게 대들어서는 안 되는 이유를 알려주고 누나가 자신을 속상하게 하면 엄마에게 먼저 이야기할 것을 가르쳐줍니다. 이때는 낮은 목소리로 단호하고 이성적으로 이야기하는 것이 좋습니다.

남매관계는 앞으로 살아갈 사회를 미리 경험할 수 있어서 좋습니다. 싸우고 때리고 욕하는 과정 없이 커갈 수 없듯이 화해하고 용서하고 우애를 나누는 과정 또한 남매관계 일부가 되겠지요. 민주적이고 따사로운 부모의 모습을 통해 서로 공평하게 잘잘못을 가려주는 과정을 준다면 아이들도 과거를 훌훌 털어버리고 밝게 잘 자라날 수 있을 것입니다.

　마지막으로 아이들이 어떤 행동을 했을 때 세상이 무너지듯 절망하거나 아이의 행동에 대해 실망하는 모습을 보여주어서는 안 됩니다. 아이는 자기 존재 자체에 대해 의문을 제기할지도 모릅니다. 그냥 이성적으로, 그럴 수도 있다는 듯 무심하게 아이의 행동에 대해서만 지적하고 넘어가도 아이들은 충분히 자신의 행동이 잘못되었음을 이해할 수 있답니다. 자, 이제 아이를 가슴에 꼭 품어주세요.

아이의 스트레스,
풀어줄 방법은 없을까요?

■ 상담 사례 초등학교 5학년 어린이

안녕하세요. 선생님! 나름대로 야무지고 똑똑하다는 초등학교 5학년 딸아이를 둔 엄마예요.

항상 시험을 보면 올백을 받아오고 발표도 잘하고 씩씩해서 학교에서도 잘 생활하는 줄로만 알았는데, 그렇지 못하다는 사실을 알고 지금 마음이 매우 아프고 혼란스럽습니다.

아이가 가끔 토라지고 짜증을 잘 내는 것은 알았지만, 친구들 사이에서 두려움의 대상이 되고 있다는 사실은 몰랐어요. 얼마 전 아는 엄마로부터 딸아이의 친구들이 딸아이와 친하게 지내기는 하지만, 아이가 친구들에게 화를 내고 짜증을 잘 내서 두려워한다는 이야기를 들었어요. 다른 아이들은 다 그러려니 하고 이해하고 넘어가는 일을 딸은 절대로 용납하질 않는다고 해요. 울거나 짜증을 내거나 토라져서 한동안 말을 안 하고 있어서, 주변 아이들이 힘들어한다고요. 그 이야기를 듣는 순간 갑자기 멍해지고 가슴이 두근거리고 눈물이 나더라고요.

사실 제 잘못이 큰 것 같아서 마음이 아파요. 남편과 사이가 좋지 않아 부부싸움을 가끔 했습니다. 그럴 때마다 딸아이는 펑펑 울며 슬퍼했어요. 힘들다고 싸우지 말라고도 했고요.

그리고 제가 좀 완벽주의적인 면이 강해서 아이의 공부에 굉장히 엄격한 편이었어요. 딸아이가 공부도 잘하니까 욕심이 나서 더 열심히 점검하고 시켰던 것 같아요.

이 모든 것들이 다시 저에게 화살이 되어 돌아오는 것만 같아요. 선생님의 도움 말씀을 듣고 나면 마음의 작은 위로가 생길 것 같습니다. 선생님, 울고 있는 못난 엄마에게 도움의 말씀 부탁합니다.

▌선생님의 답변

안녕하세요. 어머니! 야무지고 예쁜 따님을 두셨네요. 엄마 아빠가 부부싸움을 할 때 곁에 와서 말리고 함께 울어줄 수 있는 딸이 몇이나 될까요. 어머니는 지금도 충분히 행복한 분이십니다.

읽으면서 저도 무척 마음이 아팠습니다. 학교에서도 따님과 비슷한 아이들을 가끔 만나게 되는데 사실 평범하게 살아가는 아이들보다 살짝 더 힘든 시기를 견디고 있는 아이들이기에, 부모님의 노력으로 충분히 지금 아이가 품고 있는 스트레스를 극복해낼 수 있다고 저는 믿습니다.

아이를 행복하게 해주세요

가장 먼저 부탁하고 싶습니다. 아이는 지금 많이 힘들어하고 있어요. 그리고 행복해하고 싶어 합니다. 어머니도 그것은 아실 거예요. 누군가가 가슴속에 들어와 행복을 꽉 채워주었으면 좋겠는데 아무도 그렇게 해주지 못하고 있어요. 아이는 어쩌면 지금 많이 외로울지도 모르겠다는 생각을 했습니다.

먼저 엄마 아빠는 사이좋을 때도 있지만, 가끔 딸이 두려움을 느끼게 할 정도로 싸우고 계세요. 그럴 때마다 아이는 가슴에 멍이 진하게 들 정도로 상처받고 아파하지요. 부부는 그저 말다툼하고 아주 미약하게 싸우는 것으로 생각하지만, 아이들은 엄청난 스트레스를 받는다고 해요.

제가 만났던 대부분의 학교생활 부적응 아동들은 부모의 가정불화에 기인하는 경우가 많았습니다. 아이의 마음에서 불안의 요소를 지워주서야 지금 현재 받고 있는 스트레스 상태에서 벗어날 수 있습니다. 가장 먼저 가정의 문제는 부부가 대화의 시간을 갖고 아이와도 함께 이야기하는 시간을 가지세요. 엄마 아빠의 싸움 때문에 아이가 불안하고 힘들었던 마음을 먼저 읽어주고 힘들게 했던 부분에 대해서는 사과와 용서를 구하셔야 합니다.

"많이 힘들었겠구나. 정말 미안하다."

이 한마디로 아이의 마음이 다 어루만져질 수는 없겠지만, 솔직하게 용서를 구하는 것으로 어느 정도 마음의 상처를 치유받을 수 있습니다. 그리고 아이에게 일부러라도 행복한 모습을 자주 보여주세요. 아이의 정서에 바탕이 되는 가정생활이 행복해야 아이의 마음도 빨리 안정을 찾을 수 있습니다.

엄마는 마음의 여유를 찾으시기 바랍니다

아이는 지금 학습 면에서도 뛰어나며 야무지고 착한 아이입니다. 착한 아이이기에 별것 아닌 친구의 말에 상처받고 토라지는 것이랍니다.

아이는 친구들에게 사랑을 갈구하고 부모도 알아주지 못했던 자신의 마음을 알아봐 주기를 원하고 있습니다. 그러나 이제 12살 어린 친구들이 그 마음을 알아줄 리가 없지요. 그래서 아이는 또 슬픕니다. 집에 돌아오면 엄마가 안아주고 안부를 물어봐 주었으면 좋겠는데 엄마는 마음이 급하니 아이에게 얼마나 공부했는지, 얼마나 알고 있는지를 체크하기에 바쁩니다. 체크하고 나면 엄마는 잠이 들고 아이는 다시 외로워집니다.

사람은 외로움을 채우기 위해 관심을 받기 위한 행동을 하기 마련이고, 그 행동이 긍정적인 행동이 되기도 하지만 따님은 부정적인 행동으로 나타난 것 같습니다. 토라지면 친구들이 와서 위로해주고 화내면 친구들이 두려워하니, 그 모습들이 아이에게는 관심으로 다가왔을지도 모릅니다.

그러나 친구들의 그러한 반응은 진정한 관심이 아닌 아이에 대한 불편한 감정입니다. 공부를 좀 못하면 어떤가요. 또 공부를 하루 안 하면 좀 어떤가요. 아이가 흐트러진다고 생각하지 마시고, 아이와 함께 사랑을 나누는 시간이라는 생각으로 아이의 학습을 체크했던 시간 중 일부를 아이와 함께 하는 시간으로 삼아보세요. 인생을 길게 놓고 보면 지금 아이와 함께하는 시간이 나중에 아이의 삶에 공부보다 더 큰 자양분이 되어 줄 거라 믿습니다. 바로 눈앞 현실에 조급했던 마음을 조금만 여유 있게 가져보시기 바랍니다.

웃을 일을 많이 만드세요

아이가 스트레스 상태로 생활했다면 아마 부모님의 삶도 스트레스와 함께하는 삶이었을 것입니다. 스트레스는 작은 습관을 변화시키는 것에서부터 해결의 열쇠를 찾을 수 있습니다. 힘든 삶 가운데에도 웃을 수 있는 일들을 많이 만드세요. 그리고 아이와 함께하는 삶에서 행복을 느낄 수 있도록 노력하시기 바랍니다.

아이가 있어서 행복하고 감사하다는 생각으로 살아가신다면 그 행복한 마음이 아이에게도 전해질 거라 믿습니다. 아이가 아침에 일어나 맛있게 밥을 먹고 학교로 향할 수 있어서 감사하고, 열심히 공부하고 다시 돌아와 자기 삶을 성실하게 살아갈 수 있어서 감사하고, 가족과 함께 모여 이야기하며 하루를 마무리할 수 있음에 감사해보세요. 당장은 힘들겠지만, 아이의 스트레스 역시 조금씩 줄어들 것입니다.

행동이 느린 아이,
보고 있자니 속 터져요

■ 상담 사례 **초등학교 1학년 어린이**

안녕하세요, 선생님! 저는 이제 갓 초등학교에 입학한 아들을 둔 엄마 예요.

아들은 온순한 편이며 키는 좀 작은 귀염둥이 사내아이랍니다. 제 눈에 넣어도 아프지 않을 것 같은 예쁜 아들 때문에 저는 요즘 때아닌 고민을 하고 있어요. 대충 실수를 해도 용서가 되던 유치원 때는 별로 생각해보지 않았던 아들의 기질 때문이랍니다.

아들은 아침에 일어나서 학교에 가기까지 시간이 너무 오래 걸려요. 일단 아침에 일어나서 세수하기까지 너무 오래 걸려서 제가 씻겨줘야 하고요. 양말 신는 데도 오래 걸리고 밥숟가락 들어서 밥을 다 먹기까지 또 한

바탕 전쟁을 치러야 한답니다. 가끔 학교에 지각할 때도 있고요. 저도 출근해야 하니 아이를 다그치게 되고 결국 큰소리가 나고 나서야 등교전쟁이 마무리됩니다. 하지만 학교에 가는 동안에도 한눈을 팔곤 해서 일찍 출발하는 날도 늦을 때가 많아요.

학교에서 과제를 해결할 때도 다른 아이들보다 많이 늦는 편이라고 담임 선생님도 말씀하십니다. 모둠활동을 할 때는 아이가 늦게 해결하는 바람에 다른 아이들의 원성을 듣기도 한다고 해서 속상합니다.

하지만 정작 본인은 너무 느긋합니다. 행동이 느린 것에 대해 고민도 없는 것 같고 뭐든지 빨리빨리 하려고 하는 의지도 없어 보입니다.

공부를 못하는 편은 아니지만 대체로 집에 와서는 책을 읽는 편이고요. 학교에서도 수업시간에 몰래 책을 보다가 들켜 꾸중을 들은 적도 있다고 하네요.

선생님, 어떻게 해야 할까요? 도와주세요.

▎선생님의 답변

안녕하세요. 어머니! 반갑습니다. 그동안 가슴앓이를 많이 하셨겠어요. 저도 아드님과 비슷한 아이들을 많이 맡아 가르쳐봐서 그런지 낯설지 않은 이야기라 많이 공감했답니다.

아드님은 기질적으로 행동이 느린 아이인 것 같습니다. 정작 본인은 답답해하지 않지만, 주변에서는 아드님을 그냥 놔두지 않지요. 그중에서도 아드님을 가장 못살게 구는 사람은 바로 다름 아닌 부모님이 아닐까 생각이 됩니다. 행동이 느린 아이를 대하는 가장 좋은 방법은 '기다려주기'예요. 그리고 그 기다려주기는 꽤 오랜 시간이 걸릴지도 모르는 일이랍니다. 힘드시겠지만 지금 아이의 모습을 그대로 인정해주는 것부터 시작해보세요. 제가 하나씩 짚어가며 해결방법을 함께 찾아드릴게요.

아이의 기질에 대해 주위의 도움을 먼저 청하세요

어머니는 아마 학기 초에 아이의 행동이 느리다는 것을 담임선생님께 말씀드리지 않으신 것 같습니다. 미리 말씀드리고 도움을 청하셨다면 선생님은 모둠활동이나 다른 활동에서 아이가 꾸중 들을 만한 상황을 만드시지 않았을 것으로 생각합니다.

학기 초에 학교마다 학부모상담주간이 있습니다. 그때 꼭 찾아뵙고 아이의 행동에 대해 주의 깊게 봐 주실 것을 꼭 부탁하시기 바랍니다. 이야기하고 도움을 청하시고 나면 선생님께서도 아이의 행동을 이해해주실 것이고 전문가적인 입장에서 적절한 지도도 해주실 거예요. 아무것도 말씀해주시지 않고 선처만을 바라는 것은 옳지 않습니다.

상담하러 가실 때 또 하나 더 말씀하셔야 하는 내용이 있어요. 그것은 아이의 책 읽기 습관입니다. 일단 책에 빠져들게 되면 다른 일에 관심을 두지 않는 성격도 꼭 언급해주세요. 이 부분을 알려주셔야 아이가 친구들과 어울려야 하는 상황에서 제외되지 않는답니다.

저는 아이들이 쉬는 시간에도 책을 읽고 점심시간에도 쉬지 않고 책을 읽는 경우는 그 행동을 제지하고, 다른 친구들과 놀 수 있도록 배려해줍니다. 사회성이 견고하게 형성되는 초등학교 시기에 책 이외의 친구를 만드는 것은 매우 중요한 일이거든요.

아이의 기질을 인정해주시고 있는 그대로 봐주세요

부모님께서 가장 힘든 일이겠지만 행동이 느린 아이들일수록 아이의 기질을 인정해주고, 있는 그대로의 아이 모습을 받아들이는 것이 중요합니다. 이런 문제로 고민하는 부모님께 늘 제가 드리는 말씀이 있습니다.

"행동이 빠르고 기질적으로 급한 성격의 아이를 둔 부모님들은 여유 있는 아이를 부러워하십니다. 반대로 행동이 느리고 여유로운 아이를 둔 부모님은 모든 것을 빨리빨리 해결하는 아이를 부러워하십니다. 결국은 같은 거예요."

아이의 모습을 그대로 받아들일 수 있게 되면 아이의 행동을 이해할 수 있게 되고, 아이의 행동을 이해하게 되면 아이를 다그치는 일도 없어질 것이라 믿습니다. 행동이 느리고 굼뜬 아이이지만 부모가 나를 어떻게 생각하는지는 금방 눈치챕니다. 부모의 마음 깊은 곳에 뿌리박혀 있는 아이의 행동에 대한 부정적인 인식은 아이의 자존감을 떨어뜨리고 아이의 마음 깊은 곳에 큰 상처를 주게 될 것입니다.

행동이 느려지는 근본원인을 찾아 제거해주세요

"밥 빨리 먹어라."

"옷 빨리 입어라."

"서둘러라."

잔소리를 아무리 반복해도 아이의 행동은 빨라지지 않습니다. 기질적인 측면도 있지만, 아이의 행동이 느려질 때는 나름의 이유가 있을 때가 잦으니, 행동이 굼떠지는 원인을 발견하셨다면 잔소리 대신 그 원인을 제거해 주면 문제는 쉽게 해결됩니다.

아침밥을 빨리 먹으라고 잔소리하면서 TV를 틀어놓았거나 밥상 주위에 아이가 평소 보고 싶었던 책들을 흩어놓는 등 시선을 분산시키면 당연히 이곳저곳으로 시선이 가게 되어 밥을 천천히 먹을 수밖에 없을 것입니다. 학교에서도 마찬가지로 이것저것 시선이 많이 가는 불필요한 책이나 장난 감 등을 지참하지 않도록 해주시고, 될 수 있으면 또래 친구들과 많이 어울릴 기회를 주어, 또래 아이들과 행동을 동화시켜 주는 노력도 필요합니다.

여러 가지 해결방법이 있겠지만 가장 중요한 것은 부모가 아이를 바라봐 주는 긍정적인 시선입니다. 내 행동이 느리다는 것에 대해 부모가 부정적인 시선으로 보게 되면 아이는 더욱 위축되고 우울해집니다. 너무 걱정하지 마시고 제가 알려 드린 방법대로 해보시고 아이의 행동에 작은 변화라도 있을 때는 내 일처럼 기뻐해주시고 격려해주세요. 자신감이 붙으면 아이 역시 행동을 개선하는 데 온 힘을 다해 노력하게 될 것입니다.

저학년 우리 아이, 친구들과 자주 다퉈요. 어떻게 해야 하나요?

▮ 상담 사례 초등학교 1학년 어린이

안녕하세요. 선생님, 저는 이제 초등학교 1학년 딸아이를 둔 엄마입니다. 또래보다 키도 큰 편이고 아주 야무지고 똑똑한 아이랍니다. 그런데 친구관계 맺기가 아직 좀 서투른 것 같아요.

제가 둘째 낳고 좀 힘들어서 큰아이에게 빨리빨리 하라고 많이 다그치고 잔소리를 했었는데, 그래서 그런지 반 친구들에게 제가 한 것처럼 똑같이 행동한다고 하네요. 모둠 아이들이 느리고 굼뜨게 행동하면 답답해하며 채근하고 잔소리하기도 하고요.

자기주장이 너무 강해서 친구들과 물리적 충돌도 있었나 봅니다. 친구 엄마로부터 딸아이 때문에 전화도 여러 번 받고 보니 제가 자꾸만 움츠러들고 슬퍼져요. 아이에게는 몇 번이나 주의를 주었지만 나아지지가 않네요.

선생님, 어떻게 해야 좋을까요? 답변 간절하게 기다립니다.

■ 선생님의 답변

너무 슬퍼하지 마시고 지금 어머니가 문제를 해결하기 위해 고민하고 계신다면 문제는 꼭 해결될 수 있으니 힘내시라는 말씀부터 드립니다. 자, 그럼 하나씩 실마리를 풀어보도록 합시다.

아이의 학교생활, 과연 우리는 얼마나 알고 있을까요? 내 아이의 편은 누가 들어줄 수 있을까요?

먼저 제 경험을 말씀드릴게요. 저는 삼 남매의 엄마이지만 아이마다 각자 개성이 틀려서 아이들의 학교생활 모습도 서로 다르답니다. 제가 보기에는 무척 똑똑하고 야무진 아이들이지만, 학교 선생님이나 친구들에게는 또 다른 모습으로 비칠 수 있다는 것을 인정해야만 문제의 실마리를 풀 수 있습니다.

내가 보는 내 아이와 세상이 보는 내 아이가 다르다고 해서 상처받으면 안 됩니다.

이 세상에 완벽한 아이들은 없습니다. 하지만 엄마들은 완벽한 모습이라는 허상 속에 사로잡혀 우리 아이들을 완벽한 틀에 맞추고 싶어 하지요. 다른 사람에게 우리 아이가 비난받는 존재가 되는 것이 싫기 때문입니다. 그러나 아이들은 무수히 많은 실수와 잘못을 하고, 엄마 아빠가 본인의 모습을 보지 않는 학교에서는 수도 없이 친구들과 다투고 화해하며 생활하고 있습니다. 아마 실제 우리 아이의 학교생활을 세세하게 부모가 알게 된다면 무사할 수 있는 아이는 아무도 없을 거예요. 그리고 차라리 부모님께서 모르는 편이 아이를 긍정적으로 대하는 길이 될 때도 있지요.

제 경우에도 저에게는 소중하고 완벽한 아이가 학교에서 가끔 친구들과 다투면서 욕설도 하고, 경쟁에서 이기려는 욕심이 강하다 보니 게임 활동을 하다 심하게 다투는 경우도 있다는 소식을 전해들을 때가 있습니다. 처음에 저는 공부도 잘하고 발표도 잘하고 무척 야무진 아이가 그런 행동을 했다는 것이 믿기지 않아, 아이의 행동 일거수일투족을 지적하고 아이의 행동만 문제 삼았었습니다. 저 자신도 지도를 잘못한 것 같아 부끄러워 견딜 수가 없었지요.

하지만 나중에 돌이켜 따져보면 아이들끼리 싸움은 대부분 상대편과 내 아이가 함께 잘못한 일이 대부분인데, 저는 부모가 되어 내 아이 편이 되어줄 생각도 안 하고 다른 사람의 눈과 귀가 무서워 아이를 호되게 야단친 적이 많다는 것을 깨달았습니다. 결국, 아이들 싸움은 서로에게 잘못이 있는 것인데 내 아이는 부모인 나조차도 자신을 믿어주지 않았으니 얼마나 마음이 아프고 외로웠을까요?

그 생각만 하면 정말 저 자신이 부끄럽고 미안한 마음이 들어서 혼자서 눈물 흘릴 때도 많았습니다. 자식 키우는 일은 눈물 없이는 성숙할 수 없는 일이에요. 공감하시죠?

　그래서 지금은 아이들 다툼이 서로 간의 과실이었다면 저는 먼저 아이들을 꼭 안아주고 얼마나 마음이 아팠고 속상했을지에 대하여 살펴줍니다. 그리고 아이의 마음이 어느 정도 누그러진 연휴에 잘잘못을 가린 다음 어떻게 행동해야 하는지 알려준답니다. 아이들 사이에 일단 문제가 생기면 직접 관여하지 마시고 아이가 스스로 방법을 찾을 때까지 공감해주고 기다려주세요. 제가 당부 드리는 첫 번째 해결법입니다.

　저학년 때는 엄청나게 많이 싸웁니다. 자아가 강한 시기이기 때문에 무조건 나는 잘못한 것이 없고 내 말이 가장 옳다고 생각하기 때문입니다. 그러나 아이들이 자라면서 차츰 덜 싸우게 되지요. 그만큼 정신적으로 성숙해지기 때문이랍니다.

그러나 다툼에서 물리적인 행동이 있었을 때는 이렇게 하세요

　지금 따님은 친구들과 물리적인 다툼이 있었습니다. 참 안타까운 일이지만 학교에서는 발표도 잘하고 똑똑하고 조리 있게 말하는 아이들이 친구들을 때리는 경우도 많고 정반대로 맞는 경우도 많습니다. 아주 냉철하고 객관적으로 보면 경우의 수는 다양하다는 이야기입니다.

　그런데 아이들 사이의 다툼에서 부모의 개입이 일어나는 경우는 물리적인 힘을 친구에게 행사했을 때입니다. 물론 이 과정에서 따님과 친구사이에 분명 오고 가는 것이 있었을 것입니다. 그런데 억울할 만한 사실은 친구가 먼저 따님을 괴롭히거나 장난치며 심하게 놀렸을 수도 있다는 것입니다. 그러나 물리적인 힘을 따님이 먼저 행사했다면 아이들 사이의 다툼에서 가해자는 물리적 힘을 행사한 당사자가 되어 버립니다. 어머니들 사이에 소문도 그런 식으로 나게 됩니다. 그래서 말로 싸워 이기는 아이들은 아무 문제가 안 되는 경우가 많지만, 너무 속상해서 손이 먼저 올라가면 이 행동은 엄마들 사이에서 상당한 문제로 발전하게 될 수도 있습니다. 제가 봐온 교내에서 친구들 사이의 다툼에 부모님이 개입되는 경우가 이러한 예였습니다.

이와 같은 일이 발생했을 때 흥분하지 마시고, 아이가 친구와 다투는 과정에서 물리적인 힘을 행사했던 이유에 대해 먼저 따뜻하게 물어봐 주시기 바랍니다. 아이에게도 분명 이유가 있었을 것입니다. 아이의 물리적인 행동만을 먼저 문제 삼으며 "왜 그랬어?" 하고 다그치면 아이는 분명 거짓말을 하거나 다른 변명거리들을 찾을 가능성이 높습니다.

아이가 얼마나 그 친구 때문에 속상했을지 먼저 짚어주시고 아이의 마음을 많이 어루만져주세요. 그런 다음 친구와 다투는 과정에서는 아무리 속상해도 차근차근 문제를 해결할 수 있도록 평상시에 조리 있고 똑똑하게 이야기하는 능력을 키워보라고 설득해야 합니다.

아이들은 싸우면서 자랍니다

우리 어릴 때를 생각해봅시다. 엄청나게 많이 친구들과 다투었고 나와 다른 친구에 대해 속상해했고 때로는 물리적인 행동도 서슴지 않았을 것입니다. 우리가 키우는 이 아이들도 하루에도 몇 번씩 학교에서 친구들과 갈등을 겪으며 또 화해하고 다시 다투고 한답니다. 특히 지금 연령대가 그렇습니다. 그리고 그중 일부분의 사실을 집에 전달할 뿐입니다. 그런데 자주 가정으로 이야기가 전해지는 아이들이 엄마들 사이에서는 입방아에 오르내리기도 하고 그 과정에서 입에 자주 오르내리는 아이의 엄마는 아주 큰 상처를 받게 되지요. 그런데 자주 오르내리는 아이들도 교사가 보기엔 큰 문제가 없는 아이들도 많습니다.

아이가 즐겁게 학교생활을 하고 있다면 그러한 입소문 때문에 내 마음이 무너지는 일이 없도록 마음 단속을 잘해야만, 아이에게 쓸데없이 윽박지른다거나 하는 실수를 저지르지 않는답니다. 실제 자주 입방아에 오르내려 아이 단속한다는 이유로 많이 혼내서 멀쩡하게 학교 잘 다니는 아이의 자존감을 꺾는 경우도 많이 보았습니다.

너무 슬퍼하지 마세요. 아이 키우다 보면 이보다 더 큰 일도 많이 겪게 되고 쓰러져서 펑펑 울 일도 많이 생깁니다. 부모가 된 우리가 절대 피해갈 수 없는 일이기도 합니다. 하지만 우리가 아이를 진심으로 사랑하는 마음만 변치 않는다면 아이도 자연스럽게 다툼의 횟수를 줄이고 물 흐르듯 행복한 일상으로 돌아갈 수 있을 것입니다. 구더기 무서워 장 못 담그지는 않으시지요? 내 아이의 영민한 면을 긍정적으로 보아주시고 다만 물리적인 행동만큼은 조심할 수 있도록 평소에 아이와 긍정적으로 많이 놀아주시고 보듬어주세요. 아이에게 보채고 닦달하고 잔소리하는 모습을 자주 보여주면 아이는 그 스트레스를 학교에서 풀 수 있다는 것을 꼭 명심하시고요.

엄마의 마음이 행복하면 아이도 금방 편안하게 학교생활을 할 수 있습니다. 4학년 때까지는 아이들끼리 평생 해야 할 싸움을 다 하고 지내는 나이입니다. 당연히 엄마들 사이에 오해가 많이 쌓일 수도 있습니다. 부모님도 또래 엄마들이나 선생님과의 유대관계를 유지하시어 아이의 학교생활에 대해 늘 관심 있게 지켜봐 준다면 문제는 잘 해결되리라 믿습니다.

함께 생각해볼 글
_내 아이의 문제점, 왜 고쳐지지 않을까요?

아이가 문제 행동을 했을 때 몇 가지 원칙만 있다면 아이들은 어른들보다 더 빨리 문제 행동을 수정해내며 씩씩하고 바른 아이들로 잘 자랄 수 있습니다. 내 아이가 가지고 있는 문제 행동이 고쳐지지 않는 이유를 다음 몇 가지 중에서 찾아보시기 바랍니다. 만약 있다면 반드시 다음의 예 중 하나에 해당할 것입니다.

나는 아이에게 끌려다니는 부모예요

가끔 아이가 징징거리거나 짜증을 내면 어쩔 줄 몰라 하는 분들을 보게 됩니다. 아이는 부모의 머리 위에 올라가 온갖 짜증을 다 내며 현재 본인이 하기 싫은 일을 미루거나 혹은 하고 싶은 일을 해내기 위해 생떼를 씁니다.

아이가 무리한 요구를 할 때 처음에는 아이의 말에 논리적인 근거를 대며 반박해보지만 결국 엄마는 지갑을 열고 아이가 원하는 장난감을 그냥 사줘 버리거나 아이가 하기 싫은 공부를 다음으로 미룰 수 있는 시간을 주고야 말지요. 결과적으로 이야기하자면 아이에게 질질 끌려다니게 되면 부모가 목표로 하는 것을 전혀 이룰 수 없을 뿐만 아니라, 아이의 버릇도 좋지 않게 되고 실제로 학습활동에도 큰 문제를 가져오게 된다는 말씀을 드리고 싶습니다.

내 아이가 바르게 크기를 바란다면 적어도 부모가 아이에게 이야기했을 때 수긍하고 받아들일 수 있게끔 적절한 훈육을 해줄 필요가 있습니다. 훈육이 적절하게 이루어지는 가정에서는 오히려 아이들이 편안한 마음으로 하루를 보냅니다. 부모와 합의로 정해진 시간에 공부하고 적당한 놀이를 가지며 즐거운 여가도 함께하고 또 차분한 분위기에서 독서 활동을 하는 것도 가능합니다.

그러나 아이에게 끌려다니는 가정에서는 온종일 아무런 원칙 없이 무엇이든 하기 싫다고 떼쓰는 아이와 씨름하다가 제풀에 지쳐 포기하는 상황들이 반복되고 있을 것입니다. 혹은 아이 친구의 어머니에게 바른 훈육을 당부하는 이야기를 전해 들을 가능성도 높습니다. 그렇다면 과연 지혜로운 훈육은 어떻게 하는 것일까요?

❶ 목소리를 낮추고 경고하기

보통 훈육이라고 하면 소리 지르거나 매를 드는 장면을 떠올리는 분들이 많을 것입니다. 내 아이를 훈육할 때 소리를 지르거나 매를 들었다면 그것은 훈육을 절반 정도 포기하는 것으로 생각하면 됩니다. 가장 적절한 훈육은 가장 교육적으로 접근할 때 효과를 크게 볼 수 있습니다. 목소리를 낮추고 근엄하고 엄격한 표정을 지어 아이에게 지금 행동의 위험함을 경고하는 것으로 훈육을 시작합니다.

❷ 무엇을 잘못했는지 알려주기

아이가 일단 진정이 되면 무엇을 잘못했는지 알려주어야 합니다. 뜻밖에 많은 아이가 잘못된 행동을 하는 이유 중 하나는 지금 하는 행동이 잘못된 행동이라는 것을 모를 때 일어나는 경우가 많습니다. 대부분의 아이는 왜 그 행동이 잘못되었는가를 알려주면 대부분 수긍을 하며 인정을 하는 모습을 볼 수 있습니다. 이때 소리를 지르거나 윽박지르면 아이들은 본인 행동의 잘못을 깨닫기 이전에 소리 지르는 어른들의 비이성적인 모습만을 먼저 보게 되므로 좋지 않습니다.

❸ 반복했을 때 받게 될 벌칙 정하기

아이와 행동적인 문제에 관하여 이야기가 끝났다면 앞으로 이와 같은 실수를 다시 한 번 반복했을 때 받게 될 벌칙을 정해야 합니다. 이것 역시 아이와 의논하여 결정합니다.

내 아이가 상처받는 것이 싫어서 훈육해야 할 시기에 그냥 넘어가는 것은 방임입니다. 부모가 방임하게 되면 이 때문에 내 아이는 학교라는 사회에서 질책과 질타를 한몸에 받으며 다른 친구들을 괴롭히는 아이로 낙인찍히게 되는 엄청난 사태에 직면하게 될지도 모릅니다. 꼭 필요한 순간에 하는 훈육은 내 아이를 보호해주는 가장 빠른 지름길이라는 것을 잊지 말도록 합니다. 훈육을 적절하게 받아온 아이들이 훨씬 예의 바르고 생활하는 모습도 안정적입니다.

아이가 "~ 활동하고 놀기로 하자."라는 말에 선뜻 따르려 하지 않고 응석을 부리며 해야 할 일을 뒤로 미룬다면 이미 나는 아이에게 끌려다니는 부모인 셈입니다. 부모의 말에 수긍하고 순종적인 아이들이 학습에 대한 적응력도 빠르다는 것을 잊지 말도록 합시다.

나는 아이의 의견을 종종 무시해요

아이들은 어찌 보면 가장 자유로운 영혼들이며 어른들의 행동을 거울처럼 받아들이며 성장해나가는 존재입니다. 비록 정신적인 발달수준은 어리지만, 아이들이야말로 가장 자유롭게 가치판단을 하며 세상의 때에 시꺼멓게 물든 어른들보다도 더 도덕적인 잣대를 가지고 판단하고 의견을 내놓습니다. 아이들의 상상력과 언어능력은 그야말로 무한합니다.

그런데 이와 같은 아이들의 의견을 무시하고 어른들의 판단 기준만을 권위적으로 강요하는 경우를 종종 보게 됩니다. 어른들이 정해놓은 촘촘한 그물 같은 스케줄대로 움직이게 하며 아이의 생각을 진지하게 받아들여 주지 않으면 아이들 역시 어른들이 정해주는 대로만 움직이는 수동적인 존재로 변해가게 되고 결국 스스로 가치 판단하며 행동하지 못하게 되는 결과를 가져오게 됩니다. 이와 같은 권위적인 유형의 부모에게서 자라는 아이들은 다소 폭력적이며 다른 사람의 기분을 배려하지 않는 말을 하여 타인에게 상처를 주기도 합니다. 다른 사람의 기분을 배려하는 말을 하기에는 너무 많은 명령과 지시만을 받아왔기 때문에 스스로 사고하는 부분도 부족해 행동수정도 어렵습니다.

가장 바람직한 부모의 유형은 민주적인 부모입니다. 적절한 훈육을 하되 아이의 의견에 귀를 기울여주고 아이와 문제를 해결하는 과정에서 대화로 합일점을 찾아가는 부모가 됩시다. 아이들은 모두 생각을 하는 존재이며 그 생각을 무한한 창의성으로 발전시켜나갈 수 있는 존재입니다. 내 아이의 스스로 사고하는 작은 생활습관 하나가 아이의 자람에 큰 영향을 끼칠 수 있음을 늘 생각합시다.

나는 누가 내 아이의 잘못을 지적하면 견딜 수 없이 화가 나요

이 부분에는 저 역시 자유로울 수 없다는 것을 먼저 고백하는 바입니다. 아마 다른 부모님도 다 마찬가지일 것입니다. 누군가가 내 아이에 대해 지적하면 그것은 굉장한 아픔으로 다가옵니다. 그러나 우리는 부모인 만큼 철저하게 객관적인 이성을 유지하는 것이 무엇보다 필요합니다. 상대방이 내 아이의 잘못된 행동에 대하여 지적하고 이야기하고 있다면 그 상대가 객관적인 입장에서 진심으로 내 아이를 걱정하고 이야기를 전달하는 사람인지를 먼저 판단해야 합니다.

이때 내 아이에 대해 가장 객관적인 입장에서 이야기해줄 수 있는 사람은 담임교사입니다. 그러나 교사 역시 상담을 의뢰하는 부모가 아이에 대해 객관적으로 이야기하는 내용을 들어줄 준비가 되어있지 않다고 판단이 되면 이야기를 털어놓기 꺼리는 경향이 있습니다. 아이의 문제행동에 관해 이야기를 했다가는 내 아이를 낙인찍었다든가 아이가 교사에게 밉보인 게 아니냐는 등의 감정적인 문제로 받아들일 수 있기 때문에 상당히 많은 고민을 합니다.

결국, 부모인 내 마음이 열려있지 않으면 아무도 내 아이에 대해 객관적인 이야기를 해주지 않게 되고 결국 아이의 문제행동은 고쳐지지 않은 채 한 해 두 해가 가며 더 큰 문제행동으로 불거져나가게 될 것입니다.

내 아이는 완벽하지 않습니다. 착하디착할 것 같은 내 아이도 얼마든지 잘못을 할 수 있으며 잘못을 저지르고 뉘우치는 과정을 겪으며 자연스럽게 성장해갑니다. 뉘우치고 반성할 줄 아는 것도 인간으로서 성장해가는 과정이 되는 것입니다. 내 아이에게는 어떤 잘못도 없다는 기준 아래, 해결방법을 모색하지 않고 내 아이의 문제를 지적하는 상대방을 원망하고 감정적으로만 대응하려 한다면 오히려 아이의 성장은 역방향을 향해 달려갈 것입니다. 부모는 아이에게 가장 따뜻한 존재가 되어주어야 하는 동시에 가장 객관적이며 이성적인 눈으로 아이를 바라봐줄 수 있는 사람이 되어야 합니다. 그것이 바로 용기입니다.

나는 아이의 성장 과정을 이해하지 못해요

완벽주의적인 어른들에게서 주로 나타나는 현상입니다. 아이들은 아주 천천히 또는 매우 급격하게 성장에 성장을 거듭해나갑니다. 그런데 어른들은 아이들을 판단할 때 어른의 정서적인 성숙상태를 기준으로 놓고 생각하는 경향이 강합니다. 심지어 육아 포털 사이트의 상담 코너를 보면 "우리 아이는 15개월인데요. 정말 너무 말을 안 들어요. 매를 들어야 하는 걸까요?" 와 같은 웃지 못할 질문들도 만나게 됩니다. 15개월인 아이가 무슨 말을 고분고분 들을 수 있겠습니까.

아이들은 인간으로서 성장하고 발달해가는 일련의 과정에서 자연스럽게 성장해갑니다. 아이가 부모의 말을 듣고 따르게 하려면 어릴 때는 부모가 먼저 모델이 되어 행동해 주는 방법이 가장 빠릅니다. 아이에게 존댓말을 사용하고 아이의 의견에 귀를 기울여주며 아이를 따뜻하게 품어준 부모들은 아이들도 그렇게 성장하는 모습을 볼 수 있습니다. 이러한 성장 과정을 이해하지 못하고 아이들을 어른들의 기준으로 양육하다 보면 부모도 힘들고 아이도 힘들 수밖에 없습니다.

아이의 성장 과정을 이해하지 못하면 어른들 처지에서 떼를 쓰고 우는 아이는 매를 들어 다스릴 수밖에 없는 존재로 비칠 수 있습니다. 완벽한 엄마들에게 지친 아이들의 모습은 초등학교에서도 쉽게 찾아볼 수 있습니다. 엄마의 닦달과 강요로 공부는 다들 잘하지만, 완벽을 요구하는 엄마의 잔소리로 받은 스트레스는 반드시 친구든 선생님이든 어느 방향으로든 풀게 되어 있음을 기억해야 할 것입니다.

나는 아이를 많이 지치게 해요

저는 될 수 있으면 아이의 학습에 관해서는 짧고 굵기를 신조로 하고 있습니다. 과거에는 '3당 4락'이라는 말을 예로 들며 그만큼 책상에 오래 붙어 있는 아이가 나중에 명문대를 간다고 이야기하기도 했습니다. 그러나 저는 그렇게 생각하지 않습니다. 중요한 것은 아이가 배우고자 하는 학습 내용을 정확하게 이해하고 있는가 아닌가 하는 것일 것입니다.

아이가 그날 공부하고자 하는 내용을 제대로만 알고 있다면 많은 시간을 투자해서 아이를 지치게 할 필요는 없습니다. 이 부분에 관해 저는 아이들에게 그날 해야 할 과제를 주고 일정 시간 동안 공부하게 한 후 그날그날 간단한 쪽지시험을 통해 결과를 확인하고 있습니다. 확실하게 알고 있음을 확인하면 바로 자유시간을 줍니다.

수학학원 영어학원 다니느라 왔다 갔다 하지 않아도 되고 매일매일 꾸준히 공부함으로 인해 좋은 학습결과도 거둬들이고 있습니다. 또 부모가 아이의 학습수준을 바로바로 파악할 수 있으니 일석삼조입니다. 학습하는 시간에 너무 많은 시간을 투자하게 하면 아이들은 바로 지칩니다. 그리고 그 지침과 힘겨움은 일상생활의 무력감으로 나타날 수 있습니다.

나는 아이의 잘못된 행동을 모두 다른 사람의 탓으로 돌려요

무수히 많은 학부모님을 만나며 행동이 바르고 아름다운 아이들의 부모님은 어떤 분들일까, 공통점을 찾아본 적이 있었습니다. 아이에게 문제행동이 생기면 일단 문제행동의 원인을 가족 안에서 찾는 분들이셨습니다. 아이에게 가장 밀접한 관련을 맺고 있는 당사자들은 부모입니다. 부모 이상으로 아이의 행동에 영향을 미칠 수 있는 사람들은 아무도 없습니다.

내 아이의 문제를 남의 탓으로 돌리면 일단 마음은 편안해집니다. 예를 들어 아이가 응석을 부리고 떼를 쓰는 것을 돌봐주시는 시부모님 탓으로 돌린다든지 아이가 친구관계에서 자꾸만 문제행동을 일으키는 것을 가르치는 선생님 탓으로 돌린다든지 아이가 공부를 소홀히 하는 것을 달라진 학원 커리큘럼 탓으로 돌린다든지 하는 것입니다. 일단 남의 탓으로 돌려놓고 실컷 험담하고 나면 내 마음은 홀가분하고 편해질지는 몰라도 근본적인 문제가 해결되지 않았기 때문에 아이의 문제행동들은 고쳐지지 않을 것입니다.

저는 가끔 삼 남매의 행동이 달라졌다고 생각이 될 때 일단 저의 양육법에 문제가 없었는지부터 먼저 찾아봅니다. 곰곰이 고민해 보면 십중팔구는 내 행동의 문제 때문에 아이들의 생활양식이 변화된 것이라는 것을 알 수 있습니다. 일단 문제의 원인을 찾으면 해결방법은 쉬워집니다. 내 안에서 가족 내에서 문제행동의 원인을 찾아보면 금세 해결될 일을 이리저리 핑계를 대며 다른 사람의 탓으로 돌리기 때문에 해결의 실마리조차 쥐지 못하는 경우가 많지 않은지 생각해보아야 합니다.

문제행동을 일으키는 아이들! 과연 누구의 잘못일까요? 바로 우리 어른들입니다.

적절한 훈육과 따뜻한 보살핌으로 우리 아이들이 바르게 성장해나갈 수 있도록 한결같이 고민하는 것도 우리 어른들의 몫일 것입니다. 아이의 문제를 너무 힘들게 받아들이고 아이들 문제로 자존심에 상처입고 하는 과정은 이제 그만! 우리 잘못은 빨리 인정하고 아이들을 위해 해결방법을 적극적으로 고민하는 것으로 대체합시다. 그리고 무엇보다 아이의 문제행동에 대해 훈육할 때라도 아이에 대한 긍정적인 신뢰와 사랑의 끈은 놓지 말도록 합시다. 기본만 잘 지키면 됩니다! 그리고 그것은 어렵지 않습니다.

함께 생각해볼 글
_어렵기만 한 선생님, 다가갈 방법을 알려주세요

　학기 초가 되면 부모님은 새로운 담임선생님에 대한 기대와 걱정으로 약간의 스트레스 상태가 됩니다. 우리 아이를 이해해주실 수 있는 분, 따뜻하고 좋은 분, 열심히 가르쳐주시는 분, 생활지도에 신경을 많이 써주시는 분 등 부모의 기대와 요구는 무척이나 다양한 편이며 교사에 대한 신뢰가 많이 무너지고 있는 지금 사회이지만 아직도 부모님은 교사에게 무척 기대하고 많은 것들을 의지하시는 편입니다.

　담임선생님과 원만한 관계 맺기는 아이의 일 년 학교생활에 힘이 되어줄 수 있습니다. 과연 어떻게 하면 어렵기만 한 선생님과의 관계를 수월하게 풀어갈 수 있을까요? 현직 교사이지만 학부모이기도 한 양쪽 모두의 처지에서 정답을 찾아볼까 합니다.

과거 우리 어릴 때 선생님 모습을 지우세요

가끔 부모님과 상담을 하거나 부모님께서 저를 대하는 모습을 보면 아직 부모님은 과거 권위적이었던 어린 시절 담임선생님의 모습을 지금 학교현장에서 찾으려는 경향이 강하다는 것을 뼈저리게 느낍니다. 예를 들면 우리 아이의 학교생활에 분명 문제가 있을 것 같은데 도도하고 권위적일 것만 같은 선생님의 모습만을 상상하며 전화 한 통 걸지 못하고 마음속으로만 전전긍긍하시는 분들이 아직도 정말 많습니다.

지금의 학교는 과거와 무척 많은 부분이 변했습니다. 그리고 변화를 가장 빠르게 받아들이고 계시는 분들이 바로 선생님들입니다. 사실 과거의 선생님에 대한 고정관념은 각종 드라마를 통해서도 쉽게 확인할 수 있습니다. 허름한 추리닝 차림에 한 손에는 몽둥이를 들고 아이들에게 호통치는 드라마 속 선생님들을 보면 방송작가들의 어린 시절 기억 속에 남아있는 선생님이 현대 드라마에 등장하고 있구나 싶어 웃음이 나올 때가 한두 번이 아닙니다.

그래서인지는 몰라도 외출했을 때 누군가가 직업이 뭐냐고 물어보면 저는 대답을 회피합니다. 아무리 제가 아이들을 사랑하고 위하는 교사라고 자부하고 있을지라도 세상 사람들은 어린 시절 추억 속에 남아있는 교사의 모습을 저에게 투영할 것이기 때문입니다. 그러나 그 추억 속의 선생님은 과거일 뿐 지금 현재 선생님의 모습은 아마 상상 속의 그런 모습과는 많은 차이가 있을 것입니다.

지금까지 삼 남매를 키우면서 선생님 문제로 고민해본 적은 단 한 번도 없었습니다. 물론 무서운 선생님도 만나봤고 다정하고 친절한 선생님도 만나봤고 우리 아이 잘못을 많이 지적하시는 선생님도 만나봤고 반대로 엄청나게 예뻐하시는 선생님도 만나보았습니다.

그러나 그분들의 공통점은 아이에게 쓴 말을 하든지 달콤한 칭찬을 하든지 우리 아이가 바르게 성장할 수 있도록 붙들어주시고 이끌어주셨다는 점일 것입니다. 우리 아이들에게 선생님들은 모두 좋으신 분이며 너희가 잘 되라고 이끌어주시는 분들이라는 가르침을 항상 주었습니다. 삼 남매는 그래서 어떤 선생님이 담임선생님이 되어도 다 좋아하고 믿고 따릅니다. 그만큼 학교에서도 많은 칭찬과 귀여움을 받는 것 같습니다. 일단 칭찬을 받으며 학교에 다니니 또한 더 잘하려고 노력하게 됩니다.

아이들은 선생님이 무서우시든 다정하시든 별로 신경 쓰지 않습니다. 오히려 무서운 선생님을 더 좋아하기도 합니다.

"저는 선생님이 엄격하셔서 아주 좋아요. 저는 학급규칙을 잘 지킬 테니 야단맞을 일도 없고 오히려 말썽꾸러기들을 바르게 잡아주시니 학교 가서 괴롭힘당할 일도 없고요."

이렇게 말하는 아이도 있습니다.

저 역시 모든 선생님은 다 좋으신 분들이라고 믿고 있습니다. 왜냐하면, 인간은 각자 다양성을 지니고 있듯이 성격은 다들 다르시지만, 아이들을 사랑하고 열심히 교육하시는 모습을 옆에서 항상 지켜보고 있기 때문입니다. 실컷 학교 일을 도맡아 열심히 도와주시고 나서는, 집이나 다른 엄마들과의 모임에서 담임선생님에 대해 험담을 하는 어머니를 가끔 만나게 되는데, 엄마 입에서 나를 맡아서 가르쳐주시는 분에 대한 험담을 듣고 자란 아이가 학교에서 어떻게 행동할지는 상상에 맡기겠습니다.

선생님과의 첫 만남! 학부모총회에 참석하세요

3월이면 학교에서는 담임선생님과의 첫 만남의 기회를 줍니다. 바로 학부모총회입니다. 이때 학교를 위해 봉사해줄 어머니들도 뽑고, 담임선생님의 교육관을 들을 수 있는 시간도 갖게 됩니다.

직장을 다니는 어머니 중에는 학교봉사에 참여할 수가 없어서 선생님 뵐 면목이 없다고 가끔 안 오시는 분들도 있는데 그런 걱정은 안 하셔도 됩니다. 선생님이야말로 가장 힘든 직장맘 생활을 하고 계시는 분들이 아닌지요. 스스로 직장맘인데 직장 다니기 때문에 봉사활동을 못하는 엄마의 심정을 이해 못 하실 분은 아마 없을 것입니다.

일단 일 년 동안 담임선생님께서 학교생활을 어떻게 이끌어 가실지 학급경영관을 듣고 나면 정말 마음이 편안해지실 것입니다. 그리고 아이들 교육을 위해 열심히 일하고 계시는 선생님에 대한 믿음과 신뢰도 쌓을 수 있습니다. 또한, 학부모총회 날은 잠깐이라도 선생님과 면담할 기회를 주니 꼭 해야 할 말이 있을 때 마음 편안하게 전달할 기회가 되기도 합니다. 아무리 바쁘고 어려워도 이날만큼은 될 수 있으면 학교를 방문하시는 것이 좋습니다.

대부분 학교에서는 일 년에 두 번 학부모 상담기간을 줍니다. 이때 가정통신문이 발송되고 선생님의 스케줄에 맞추어 상담시간을 잡게 되는데, 가끔 이 시기를 모르고 있다가 아쉬워하는 어머니들이 많이 계시니 학년 초에 학교에서 발송되는 학사력을 잘 챙겨두었다가 상담신청을 하도록 합니다.

공식적으로 학교에서 주어지는 상담시간을 이용하면 편리하지만, 가끔 아이의 학교생활에 대하여 상담하고 싶을 때가 있을 것입니다. 그때는 미리 아이의 알림장에 선생님의 가능한 시간 여부를 여쭤보고 상담하고 싶은 내용도 미리 알려 드리면 도움이 됩니다. 갑자기 찾아뵙는 것은 무척 실례되는 행동이 될 수 있습니다. 요즘 학교는 아이들 가르치는 업무 외 일이 너무 많아서 출장이나 회의 등으로 자리를 비우는 경우도 잦고 꼭 보고해야 할 공문이 있는데 학부모님이 방문하면 상당히 애매한 상황이 될 수도 있기 때문입니다.

미리 상담 일정을 조율하면 선생님도 아이의 상담 자료를 체계적으로 정리할 수 있으니 더 풍성한 상담이 될 수 있습니다. 선생님을 찾아뵐 때는 부담스러운 선물을 절대 준비하지 않도록 합니다. 과거 교육현장이 어땠는지는 모르겠지만, 교사에게 3만 원 이상의 금품이나 물질을 제공하는 것은 엄연한 불법이며 대부분의 선생님들은 학부모의 선물을 부담스러워하고 꺼리십니다. 저는 가끔 선생님과 이야기하고 싶을 때는 테이크아웃 카페에 들러 선생님과 제가 마실 음료 두 잔을 포장해 가 나누어 마시며 이야기를 나누는데 다들 부담스러워하지 않고 좋아하십니다.

선생님과 상담하러 가는데 어떻게 빈손으로 가느냐고 생각하시는 분들이 계신다면 그분은 이미 구시대 분이십니다. 요즘은 그래도 됩니다. 그리고 그렇게 해주시는 게 많은 선생님을 편안하게 해 드리는 방법이라는 것을 명심하세요.

걱정스러운 내 아이, 절대 상담 시기를 놓치지 마세요

"선생님, 우리 딸을 남자아이들이 괴롭혀요. 한 석 달 됐어요."

가끔 이런 전화를 받을 때가 있습니다. 학교에서는 무척이나 쾌활하고 즐겁게 생활하는 아이인지라 힘들어하고 있을 줄 몰랐는데 아이가 너무 힘들어서 학교에 가기 싫어한다는 이야기를 들을 때면 반드시 다시 여쭤봅니다.

"그런데 왜 지금 전화하셨어요, 미리 알려주시지."

"선생님께서 싫어하실까봐 걱정스러웠어요. 그리고 남자아이들이 보복할까 봐요."

대부분 부모님은 첫 번째 이유로 교사가 싫어하거나 귀찮아할까 봐, 두 번째 이유로 아이들의 보복이 두려워서라고 대답하십니다. 이런 대답을 들을 때면 모든 교사는 학교폭력을 해결하려 하지 않고 그냥 내버려둔다고 나팔을 불고 떠들어대는 언론이 미워질 때가 한두 번이 아닙니다.

학급에서 일어나는 모든 문제 는 교사가 알아야 하며 지도해야 할 책임이 있습니다. 교사의 시선에서 벗어난 학교폭력사태가 있거나 내 아이가 학교생활을 잘하고 있는지 걱정스럽다면 주저하지 말고 당장 담임선생님께 조언을 구하도록 합니다. 교사가 설령 불편해한다고 하더라도 내 자식의 문제가 다른 어떤 이유를 앞설 수는 없습니다. 가장 적절한 시기의 상담과 학교와 가정의 공조만이 내 아이의 문제를 해결할 수 있는 가장 빠른 지름길입니다. 교사도 문제가 더 커지기 전에 빨리 해결하는 것을 더 간절하게 원할 것입니다.

열린 마음으로 들으세요

선생님과 상담할 때 학부모님의 경청자세에 따라 아이의 앞으로의 학교생활이 눈에 보이는 경우가 많습니다. 대부분 학부모님은 진지한 태도로 교사의 조언을 경청하시며 다소 아이에 대해 섭섭한 말을 듣더라도 아이를 위한 조언으로 받아들이며 고쳐야 할 점은 고치고자 노력하십니다.

그러나 가끔 아이의 학교생활에 대해 조언을 할 때 매우 불편해하시는 분들이 계십니다. 그분들의 공통된 의견은 다음과 같습니다.

❶ 내 아이가 그렇게 행동할 리가 없다. 내 아이는 매우 착하고 순수한 아이이다.

물론 집에서는 그럴 것입니다. 하지만 부모의 눈으로 본 내 아이는 순수하고 착하지만, 그 순진하고 착한 내 아이가 학교에서 반 친구들을 괴롭히는 데 앞장서고 있는 아이일 수도 있다는 사실을 알아야 합니다.

❷ 괴롭힘당한 엄마가 과민반응하고 있다. 친구들 사이에 욕하고 싸울 수도 있는 것 아닌가?

물론 싸울 수 있습니다. 그러나 그것은 양쪽이 화해하고 마음이 편안해졌을 때의 이야기입니다. 내 아이가 남에게 욕하고 상처준 것 때문에 상대방 아이의 상처가 아물지 않고 있다면 내 아이는 학교 폭력을 행사한 것이 됩니다.

❸ 선생님은 내 아이만 미워하신다. 혹시 내 아이에게 나쁜 감정 있는 것 아닌가?

미워하는 아이에게 조언해줄 교사는 아무도 없습니다. 적어도 교육학을 공부한 전문가라면 감정으로 아이를 대해서는 안 된다는 것이 기본원칙입니다.

교사가 아이의 문제를 이야기할 때 교사 역시 편한 마음으로 이야기하는 것이 아님을 아서야 합니다. 실상은 교사가 이야기하는 정도를 넘어서 다소 큰 문제로 발전하는 과정일 수도 있습니다. 교사는 입 다물고 그냥 넘어갈 수도 있겠지만 그래도 용기를 내어 아이의 문제에 관해 이야기한다는 것은 진심으로 아이를 위해서 조언하고 있다는 것을 알아주셨으면 좋겠습니다.

그리고 학교에서 아이의 문제에 대해 교사의 조언을 받아들여 고치지 않으면 학급에서 그 아이는 문제행동 때문에 더 큰 문제를 일으킬 수 있음도 알아야 합니다. 저 역시 삼 남매를 키우며 아이의 문제행동에 대해 교사의 조언을 들은 적이 있습니다. 그럴 때마다 저는 진심으로 감사하게 생각했으며 선생님께 감사하다는 인사도 잊지 않았습니다.

그리고 결국 조언을 받아들여 고치고자 노력하면서 더 좋아지는 아이의 모습을 보며 조언을 받아들이기를 잘했다는 생각을 몇 번이고 하게 되었습니다.

누가 내 아이를 지적하고 이야기하는 것을 들을 때 마음으로는 정말 힘들고 고통스러울 수 있겠지만, 그냥 열린 마음으로 들어주세요. 지금 상처는 극복하려고 노력할 때 비로소 아물게 될 수 있습니다. 상처를 덮으려고 그냥 무시하고 넘어가면 너무 심하게 곪아 다시는 치유할 수 없는 상태가 되고 맙니다. 지금 언론을 떠들썩하게 만들고 있는 학교폭력의 가해자들은 다 내 아이의 문제에 귀를 닫아버린 부모 때문에 조금씩 그 정도가 커진 아이들이라는 것을 명심합시다.

담임과의 관계에 대한 초등 선생님들의 생생한 조언

담임선생님과 학교에 대한 비판적인 생각을 아이 앞에서 말씀하지 말아 주세요. 아이들은 어른들의 생각을 자신의 생각인 듯 포장하여 행동하고 말합니다. 부모님이 아이들에게 교사나 학교에 대해 부정적인 말을 한다면 마음속 깊은 곳에 이질감이 생겨 즐거운 학교생활을 하기 어려워질 거예요.

— 서울 경일초 손미현 선생님

엄마가 보는 하나뿐인 내 아이와 교실에서 선생님이 보는 서른 명 속의 내 아이는 다를 수 있답니다. 선생님이 우리 아이에 대해 하시는 말씀을 서운하게 생각하지 마시고 여러 아이 속의 우리 아이는 이렇게도 행동하는구나 하고 새로운 시각에서 받아들여 주세요.

— 새봄햇살 선생님

아이들 사이에 문제가 생겼을 때 담임선생님을 먼저 만나 어떻게 된 일인지 얼굴을 보고 이야기하면 해결될 수 있습니다. 아이들은 아직 어려서 자기 잘못을 솔직하게 시인하지 않기 때문에 객관적인 판단이 힘들 수 있으니 꼭 선생님께 먼저 확인해보셨으면 좋겠습니다.

— 매일바빠 선생님

함께 생각해볼 글
_전학 온 우리 아이, 학교생활 적응을 어려워해요

저 역시 아이를 둘이나 전학시켜본 경험이 있기에 전학 온 아이들이 겪을 어려움에 대해 잘 알고 있습니다.

특히 몹시 예민한 성격의 소유자인 큰아이는 2학년 때 전학을 왔음에도 아이들이 이미 서로 다 친하고 잘 알고 있는 것처럼 느껴진다며 전학 초반에 학교생활에 적응하기를 너무 힘들어했습니다. 지난 학교에서 거의 반 아이들에게 공주 대접을 받으며 학교생활을 해왔던 터라 새로운 학교에서 느껴지는 이질감이 너무나 컸던 모양이었습니다. 더구나 현재 다니고 있는 학교는 큰아이가 무척 좋아했던 지난 학교의 도서관과 수준 차이가 크게 나서 더욱 불만이 많았습니다. 읽고 싶은 책을 찾으면 바로 튀어나오던 마법의 성 같은 도서관에서 좁아터진 작은 도서관이라니……. 큰 아이는 학교시설에 대한 불만과 이미 난공불락의 성이 되어버린 친구들 사이에서 힘들어하며 그렇게 어렵게 학교에 다녔던 적이 있습니다.

선생님의 딸이었기에 동료 엄마들과 모임도 할 수 없었던 저는 딸아이의 학교생활 적응을 위해 담임선생님과 아이 친구들의 도움을 많이 받았습니다. 아이가 힘들어하는 것 같으면 바로 선생님을 찾아뵙고 상담을 드렸고 담임선생님께서도 아이의 상황을 이해하시고 많은 도움을 주셨습니다. 또 주말에는 가끔 친구들을 초대해서 김밥 만들기나 쿠키 만들기를 하며 친해질 기회를 만들어주었던 것이 큰 힘이 되었습니다. 지금도 그때 우리 집을 드나들던 친구들이 단짝이 되어 어렵고 힘든 일이 있을 때는 항상 딸과 함께하며 진한 우정을 과시하는 중입니다.

전학 온 아이들이 힘들어하는 점을 구체적으로 살펴보겠습니다.

이미 형성된 관계에 틈이 보이지 않아요

전학 온 아이들이 가장 힘들어하는 것은 이미 형성된 친구관계의 틈을 비집고 들어가야 하는 상황입니다. 저학년 때는 이 부분이 크게 어렵진 않지만, 고학년이 되어갈수록 몇 년에 걸쳐 탄탄하게 형성된 아이들 관계를 비집고 들어가기가 어려워집니다.

어른들도 오랫동안 마음을 터놓고 지낸 친구들과 더 가까이 지내듯이 아이들도 마찬가지이기 때문입니다. 가장 힘든 점은 아이들이 먼저 다가오지 않는다는 것일 것입니다. 적극적인 성격의 아이들은 금방 친해지지만 소심한 성격의 아이들은 먼저 다가가지 못해 답답한 시간이 무척 오래갈 수 있습니다.

전학할 때 아이 친구 관계 해결은 이렇게 하세요.

① 될 수 있으면 3월 2일 개학과 동시에 전학시킨다

3월 2일에 반이 바뀌면 서로 다른 반 친구들과 섞이기 때문에 모르는 친구도 있고 아는 친구도 있는 상황이 됩니다. 모두가 낯선 이때 전학을 오면 적응하기가 아무래도 학기 중보다는 쉽습니다. 새로 시작하는 기분으로 선생님과 친구를 사귀며 자연스럽게 새 학년을 시작할 수 있기 때문입니다.

② 마음에 맞는 친구들을 집으로 초대한다

마음에 맞는 반 친구들을 집으로 초대하여 친구들과 어울릴 기회를 줍니다. 친구를 집에 초대하여 정기적으로 함께 놀 수 있게 해주면 아이는 든든한 지원군을 얻을 수 있고, 오래도록 함께하는 친구가 생길 수 있는 계기가 되어 좋습니다. 부모는 기회만 만들어줄 뿐이지만 아이들은 그 안에서 더 많은 것들을 만들어낼 수 있습니다.

전 학교와 다른 시스템에 적응을 힘들어해요

이전 학교와 새로운 학교는 시스템 자체가 다르므로 처음에는 모든 것들이 낯설게 느껴집니다. 예를 들어 전 학교에는 체육관이 있어 비가 오더라도 체육을 할 수 있었는데 새로운 학교는 체육관이 없다든지, 전 학교는 시범학교라서 학교행사가 많았는데 새로운 학교는 단조롭다든지, 전 학교는 단원평가가 없었는데 새로운 학교는 매번 평가를 치른다든지 하는 모든 것들이 아이들에게는 낯설게 느껴질 수 있습니다. 어른도 힘든 환경적응을 아이가 단숨에 해낼 거로 생각하지 말고 처음에 아이가 적응하기 낯

설어해도 격려해주고 응원해주며 천천히 적응할 수 있도록 기다려주어야 합니다.

새로운 학교 시스템 적응 해결은 이렇게 하세요.

❶ 전학 오면서 담임선생님께 새로운 학교에 대한 안내를 받는다.

대부분 전학 오면 학부모님은 담임선생님과 문 앞에서 잠깐 인사를 하고 아이를 교실에 들여보내시는 경우가 많습니다. 그러나 학교생활에 빠르게 적응하는 전학생들의 어머니들을 보면 아이가 전학 오기 전날에 선생님을 찾아뵙고 시간표와 선생님의 학급경영 방침에 대한 안내를 받아 가시는 모습을 만날 수 있습니다. 학급이 운영되는 시스템만 파악해도 아이가 빠르게 학교생활에 적응할 수 있습니다. 3월 2일 자로 전학하는 학생들은 안내를 받을 필요 없이 바로 학교생활을 시작할 수 있습니다.

❷ 반대표 어머니께 연락을 취한다.

학급마다 반을 대표하는 어머니들이 계십니다. 반대표 어머니와 연락을 취해 친분 관계를 쌓으면 여러 가지로 많은 도움을 받을 수 있습니다.

아이가 전학을 오면 초반에는 누구나 힘든 상황에 직면하게 됩니다. 아이가 적응하기 힘들어한다고 조바심내고 걱정하기보다는 격려해주고 기다려주는 것이 아이의 행복한 학교생활에 더 큰 도움이 될 것입니다. 그리고 아이의 학교생활이 궁금하다면 한두 달 정도 후에 담임선생님께 상담을 요청하여 학교생활에 대한 전반적인 이야기를 들어보세요. 상담 후에는 한결 편안한 마음으로 아이의 학교생활을 지원해줄 수 있게 될 것입니다.

초등학교 전학 절차

❶ 담임선생님께 전학 사실을 알린다

2월 전학일 경우 통지표는 이전 학교에서 받아야 하므로 성적 처리를 미리 완료해서 생활기록부에 저장한 다음 전학시켜야 합니다. 통지표 문제는 담임선생님과 미리 상의해 받아오거나 우편으로 받을 수 있도록 합니다.

❷ 행정실에서 방과후학교수강과 같은 금전적인 환불을 받을 사항이 있으면 처리한다

나중에 행정실에서 다 처리해주겠지만 미리 알려드리면 여러 모로 행정 업무상 편리하고 환불도 신속하게 이루어질 수 있습니다.

❸ 이사 갈 행정구역의 동사무소에서 전입신고를 하고 전학 갈 학교를 배정받는다

❹ 전학 갈 학교 교무실에 찾아가 전입 신고서를 제출하면 바로 반 배정이 된다

❺ 아이와 관련된 행정상 서류는 전 학교와 새 학교 간 담임선생님이 전산으로 처리해주시니 안심하자

함께 생각해볼 글
_어떻게 하면 아이가 공부를 잘할 수 있을까요?

아이가 공부 잘하기를 원하시나요? 일상을 먼저 챙기세요.

저는 가끔 아이들이 학교생활을 잘 해내고 있는지 궁금할 때는 아침에 일어나서 필통을 가져와 보라고 합니다. 필통에 연필이 가지런히 깎여서 지우개와 15센티미터 자가 함께 차곡차곡 정리되어 있으면 통과! 연필이 뭉툭하게 닳아져 있거나 부러진 연필이 있거나 지우개가 없으면 아이의 지금 현재 생활이 어떤지 생각해보게 될 때가 잦습니다. 그럴 때마다 아니나 다를까 숙제를 빼놓고 다 하지 않았거나 시험을 망치거나 합니다.

학교에서도 보면 학습태도가 산만하고 결과가 늘 만족스럽지 못한 아이들은 대부분 필통이 없거나 항상 무엇인가가 빠져 있습니다.

에이, 설마 하는 분들이 계신가요? 이것은 정말입니다.

연필은 늘 빌려서 사용하고 지우개는 사줄 때마다 잃어버리고 새로 사거나 그나마도 아예 없는 경우가 대부분입니다. 필통 속 내용물이 가지런하고 정리가 잘 되어있는 아이들이 늘 좋은 학습 결과를 가지고 옵니다.

　학급에서도 학습능력이 우수한 아이들의 사물함과 서랍 속은 놀랄 만큼 가지런합니다. 깔끔하게 학습할 준비가 갖추어져 있습니다.

　물론 아주 드물게 예외도 있었습니다. 마구 어질러놓고 다니고 늘 연필은 빌려서 사용해도 항상 학습결과는 우수했던 제자들도 있었지만 이는 드문 경우입니다. 그리고 그와 같이 행동하는 것이 반복되면 반 친구들은 그 친구의 주변이 늘 산만하다고 힘들어합니다. 짜증을 내는 아이들도 생깁니다. 결코 아이에게 좋은 일은 아닐 것입니다. 공부할 때 필요한 준비물만큼은 늘 긴장감을 가지고 준비해서 다니며 정리하는 습관을 가르치세요. 잔소리하고 소리 지르지 않아도 몸에만 배게 익혀주면 어려운 일은 아닙니다.

　아주 간단하게 또 다른 예를 살펴봅시다.

　학습태도가 좋지 않은 아이들은 알림장을 제대로 챙기지 않습니다. 학급에서 숙제 안 해 오는 몇 안 되는 아이들 모두가 알림장이 없거나 적어가더라도 부모님 확인을 받아오지 않는 아이들입니다. 아이들이 빼먹고 적어가지 않는 내용이 있을까 봐 일일이 워드로 쳐서 붙여주고 사인도 모두 다 해주고 매일매일 알림장에 사인하라고 그렇게 못이 박히도록 이야기를 해도 일 년이 다 되어가도록 알림장에 확인 한 번 안 해오는 경우가 대부분입니다. 매일매일 반복되는 삶, 그것이 지겹고 힘든 과정의 연속이더라도 그날 해야 할 과제를 매일매일 체크하는 습관은 학습능력과도 직결된다는 것을 잊어서는 안 될 것입니다. 오늘 내가 해야 할 일조차 제대로 챙기지 않는데 매일매일 쌓여가는 일상을 어떻게 한꺼번에 챙길 수 있을까요. 알림장을 챙기는 것은 99% 부모님이 습관들이기 나름입니다.

하교하고 나면 바로 알림장부터 읽어보고 사인한 다음 해야 할 과제를 하도록 안내해 주어야 합니다. 짧게는 한 달, 길게는 일 년 정도만 습관을 들이면 시키지 않아도 스스로 일과를 챙기는 아이로 성장해나갈 것입니다. 부모가 중요하다고 인식하면 아이도 중요하게 생각하고 챙기게 되지만 부모가 관심이 없으면 아이도 느슨해지는 것은 금방입니다.

또 다른 예를 들어보도록 하겠습니다.

가끔 학교에서 근무하다 보면 잠을 자다가 11시쯤 학교에 나타나거나 아침 드라마를 보다가 학교 가야 한다는 사실을 까맣게 잊고 아주 늦게 등교하는 아이들을 만나게 됩니다. 믿어지지 않겠지만 사실입니다. 엄마도 같이 자느라고 아이가 학교에 가는지 안 가는지를 체크하지 못한 것입니다. 놀랍지만 쉬는 날인지 아닌지를 몰라서 학교를 아예 안 오는 아이들도 있습니다. 드문 예가 아니라 항상 해마다 만나는 경우입니다.

물론 지각하는 경우는 비일비재합니다. 저는 아이들이 지각하는 것으로 꾸짖은 적은 한 번도 없습니다. 지각하는 아이들은 나름대로 그 이유가 있기 때문입니다. 군이 꾸짖거나 벌주지 않아도 다음날이 되면 정해진 시간에 등교합니다. 그러나 매번 지각하는 아이들에게는 문제가 있습니다. 하루의 첫 시작을 긴장감 있게 열어가지 않기 때문입니다. 학교에 가야겠다는 의지, 오늘 하루를 정해진 시간에 시작해야겠다는 생각, 지각하지 말아야겠다는 마음 등의 복합적인 마음이 뭉쳐져야 아이들은 일찍 일어나서 밥을 먹고 가방을 메고 집을 나서게 된다는 것을 잊지 마세요.

수없이 많은 학원, 수없이 많은 교재, 수없이 많은 달콤한 문구들이 마치 우리 아이를 당장 영재로 만들어줄 것처럼 유혹하는 세상입니다.

그러나 공부에는 뾰족한 수가 절대 없음을 알아야 합니다.

하루하루 아이의 삶이 알차게 영글어갈 수 있도록 지지해주고 배려해주는 방법이 돌아가는 길 같지만, 사실은 가장 빠른 지름길입니다.

늘 언급하는 이야기지만 아침에 일찍 일어나 맛있게 아침 식사를 하고 학교에 다녀와서는 알림장을 챙기고 숙제를 한 후에 휴식을 취하거나 보충 학습을 하는 아이의 삶이 야무지게 이어질 수 있다면 그 아이는 분명 학교에서 무척 우수한 어린이로 칭찬받는 아이일 가능성이 높습니다.

일상을 챙기는 것은 어렵습니다. 하지만 몸에 배면 또 그렇게 힘든 일은 아닙니다.

정말 내 아이가 공부 잘하는 아이가 되기를 바란다면 하루하루 지금 현재 살아가고 있는 삶에 충실하도록 지도해주세요.

꺼진 불도 다시 보는 체크 리스트!
내 아이는 얼마나 일상에 충실한 아이일까?

❶ 아침 일찍 일어나 스스로 세수하고 옷을 갈아입고 아침 식사를 한다.

❷ 학교 가방은 전날 다 챙겨둔다.

❸ 무슨 일이 있어도 숙제는 반드시 한다.

❹ 알림장은 항상 확인하고 준비물은 스스로 챙긴다.

❺ 학교에서 친구들과의 관계는 원만한 편이다.

❻ 선생님 말씀에 순종적이며 학급 일에 협조적이다.

❼ 학급에서 맡은 일인 일역을 성실하게 하는 편이다.

❽ 수행평가가 예고되면 대비하기 위해 학습계획을 짜서 시행한다.

❾ 단원평가가 끝나면 오답풀이 정도는 스스로 한다.

❿ 학원 시간은 스스로 파악하고 일정에 맞게 오갈 수 있다.

⓫ 며칠에 한 번은 지저분하지 않게 주변 정돈을 한다.

⓬ 엄마가 심부름을 시키면 잘 해내는 편이다.

⓭ 형제자매 관계가 원만하다.

⓮ 하루 20분씩 꾸준히 독서를 한다.

⓯ 어른들에게 존댓말을 사용하며 인사를 잘한다.

11개 이상: 일상에 충실한 아이! 칭찬해주세요.

5~10개 이상: 일상생활에 대한 주의를 환기시켜 주세요.

1~4개 이상: 기초생활 훈련, 부모가 함께해주세요.

함께 생각해볼 글
_엄마표 공부의 장단점을 알고싶어요

엄마표 공부가 대유행입니다. 사교육비가 비싸기도 하고, 잘만 하면 엄마표 공부는 그 어떤 사교육보다 큰 효과를 볼 수 있으니까요. 저 역시 직장 다니며 아이들을 사교육학원에 내몰지 않고 꿋꿋하게 가정에서 교육시켰고 좋은 효과를 거두고 있다고 믿고 있습니다. 그러나 잘 진행되지 못했을 경우에는 사교육보다 못한 것이 또 엄마표 공부이기도 합니다. 이 글에서는 엄마표 공부의 장점과 단점을 살펴보고 긍정적인 방향으로 발전시킬 수 있는 방법을 모색해볼 것입니다.

엄마가 아이들을 공부시킬 때 어떤 점이 좋은지 긍정적인 면부터 살펴보도록 합시다.

학원에 오가는 시간을 줄여 체력 낭비가 덜해요

수업이 끝나면 학원 가방 들고 이 학원 저 학원 쫓아 다니느라 아이들은 체력적으로 매우 힘듭니다. 개인적으로 두 아이가 좀 멀리 떨어져 있는 기타교습소를 다닐 때는 밤에 코피가 자주 터져서 많이 안쓰러웠던 적이 있었습니다. 학원에 오가는 시간에 포근한 가정에서 공부하게 되면 체력적인 낭비도 덜 수 있고 그만큼의 시간도 벌 수 있어서 좋습니다.

정서적으로 안정된 분위기에서 공부할 수 있어요

물론 가르치는 부모가 다정다감하며 인내심이 있는 성격일 경우의 이야기입니다. 익숙한 장소인 가정에서 편안한 분위기에서 공부하면 정서적인 안정이 뒷받침될 수 있습니다. 가끔 간식도 먹을 수 있고 어려운 내용은 미루었다가 다시 공부해도 되니 이만큼 편한 공부가 어디 있을까요.

아이가 어떤 부분에서 부족한지 알 수 있어요

엄마표 공부의 가장 큰 장점이라 할 수 있습니다. 제가 아무리 바빠도 이 부분 때문에 아이들의 공부를 손에서 놓지 못하고 있는 이유이기도 합니다. 수학을 예로 들어보겠습니다. 엄마표 공부가 아니면 아이가 어떤 부분에 취약하고 어떤 개념이 잘 안 잡히는지 알 길이 없습니다. 학원에서 그 부분을 바로 잡아줄 수 있을지는 몰라도 근본적인 문제 해결은 안 될 가능성이 높습니다. 일대일로 아이와 마주하는 교육이 아니기 때문입니다. 그렇다고 과외를 하기에는 비용이 부담됩니다.

엄마표로 공부하면 이 문제는 쉽게 해결될 수 있습니다. 수학문제집을 채점해 보면 분명 아이는 반복해서 같은 유형의 문제를 틀리고 있을 것입니다. 그 문제와 관련된 개념이 잘 잡혀있지 않기 때문입니다. 이럴 때 다시 한 번 개념을 잡아주거나 오답풀이 연습을 해주게 되면 몰랐던 부분을 집중적으로 공부할 수 있게 됩니다. 첫해는 조금 힘들었는데 해가 갈수록 지도하는 것이 수월해져서 이제는 문제집 채점도 일사천리로 끝내고 오답만 콕콕 집어 다시 정리하게 해줌으로써 예전보다 마음 편하게 아이들을 지도해줄 수 있게 되었습니다. 내 아이가 뭘 모르는지 모르면 아이를 다그치게 되고 자꾸 혼을 내 기를 죽일 수 있습니다.

자기주도학습의 발판을 마련할 수 있어요

정해진 스케줄대로 움직이고 가르치는 내용을 수동적으로 배우는 형태의 공부는 아이의 자기 주도적 능력을 꺾는 형태의 학습입니다. 아이가 내면적으로 동기유발이 되어 무엇인가 하고 싶을 때 학습적으로 가장 큰 효과를 볼 수 있는데 사교육에서 제시하는 천편일률적인 학습은 이를 방해합니다. 초등학교 그 이전부터 이와 같이 주어진 밥상을 받아먹게 되면 아무래도 나중에 스스로 공부하기가 더 어려워지게 됩니다.

그러나 엄마표 공부는 느슨하고 자유로울 가능성이 있기 때문에 아이가 스스로 무엇인가를 찾아보고 탐구하는 습관이 몸에 배게 됩니다. 자랑은 아니고 삼 남매는 어릴 때부터 이 부분은 훈련이 아주 잘 되어 있습니다. 시간이 남으면 여러 가지 놀이를 만들어 창의적으로 놀거나 책을 읽거나 무엇인가 계획을 세워보고 끼적여보는 능동적인 활동들이 매우 자유로운 아이들입니다. 이런 자기 주도적인 생활방식은 초등학교에서 큰 힘을 발휘합니다. 요즘 선생님들은 자유롭게 사고할 줄 알고 발표를 열심히 하며 스스로 무엇인가를 찾아서 할 줄 아는 아이들에 대해 매우 긍정적인 평가를 하십니다. 과거 수동적으로 듣고 받아 적어 외우며 공부해온 우등생들과 요즘 우등생들의 개념은 매우 달라졌습니다.

■ 엄마표 공부의 단점 

처음 계획이 흐지부지되기 쉬워요

아이의 공부에 대하여 장기계획을 세우고 열심히 추진하다가 흐지부지되어본 경험이 다들 있을 것입니다. 웬만큼 마음을 굳게 먹지 않으면 엄마표 공부는 성공하기가 어렵습니다. 이럴 때는 처음부터 너무 계획을 원대하게 세우지 말고, 할 수 있는 만큼만 목표치를 잡아 달성시켜나가도록 해봅시다. 계획을 달성하고 나면 용기가 생겨 조금 더 높은 수준으로 도전해볼 수 있을 것입니다.

직장맘의 경우 심신이 지칠 수 있어요

직장 다니는 엄마는 아이의 학습지도까지 도맡아 하다 보면 심신이 많이 지치게 됩니다. 말을 듣지 않는 아이를 어르고 달래느라 우울해지기도 쉽고 왜 이렇게 힘들게 해야 하는지 자괴감에 빠질 수도 있습니다. 저 역시 마찬가지인데 처음에는 하나에서 끝까지 아이 옆에 붙어서 일일이 지도해 주었지만, 체력 낭비와 정신적인 피로가 너무 심해 지금은 방법을 바꾸어 보았습니다. 먼저 아이가 포스트잇에 간단히 그날의 계획을 짜서 냉장고에 붙여놓으면 다 달성을 했는지 하나씩 체크해주는 방법으로 기본적인 문제들은 해결하고 수학처럼 중요한 교과들은 문제는 아이가 풀고 채점한 후 오답풀이만 점검해주는 방법을 택했더니 훨씬 수월해졌습니다.

엄마도 편하고 아이도 자기 주도적 학습능력을 키워줄 방법을 고민해보도록 합시다. 직장맘들은 스스로 건강관리를 잘해야 합니다. 무엇보다 일과 교육, 두 마리 토끼를 잡다가 심신을 지치게 하는 일이 없어야 할 것입니다.

아이를 다그치게 돼요

아무래도 아이를 가르치다 보면 답답한 마음에 윽박지르는 일이 생기게 됩니다. 이렇게 쉬운 문제도 모르나 싶어 아이를 혼내고 심지어는 아이의 존재 자체를 깎아내리는 말도 서슴지 않습니다.

"너 이것밖에 못하니? 왜 애가 이 모양이야. 도대체 누굴 닮은 거야."

"한심해. 한심해. 밥은 왜 먹니?"

"꼴도 보기 싫으니까 잠깐 나가 있어."

"이것도 몰라? 너 도대체 왜 이러니? 어휴, 정말!"

이와 같은 말들을 지속해서 들으면 아이는 정말 자기 머리가 나쁘다고 생각하게 됩니다. 공부를 못하게 되는 급행열차는 바로 아이의 자존감이 꺾이는 순간입니다. 스스로에 대한 긍정적인 에너지가 가득 차 있어야 아이들은 학습적인 동기유발이 가능한데, 자꾸만 못났다는 생각을 하게 되면 기억할 수 있는 내용도 기억하지 못하게 됩니다. 어른들에게는 1+1=2가 너무나 당연해 보이고 쉬울지 몰라도 아이들에게는 어려운 내용일 수 있다는 것을 알아야 합니다.

아이를 다그치지 않을 자신이 없다면 잠시 엄마표 공부를 미루어두고 시간을 갖는 것이 좋습니다. 혹은 아이를 가르칠 수 있는 가정학습도구들을 활용해보는 것도 방법입니다. 저는 EBS에서 제공하는 교육방송을 적극 활용합니다. 영어 역시 인터넷강의를 많이 활용하는 편입니다. 물론 강의를 보는 것에만 그치면 제대로 된 개념을 잡을 수 없으므로 강의시청이 끝나면 다시 제가 간단하게 정리해주는 식으로 공부합니다. 아이를 다그치는 것은 엄마표 공부가 저지르기 쉬운 가장 큰 실수입니다.

결론을 이야기하자면 엄마표 공부에는 엄마의 인내와 마음의 여유가 가장 많이 요구된다고 할 수 있습니다. 사실 엄마표 공부를 하고자 마음먹은 분들은 사교육을 하는 분들보다 더 큰 욕심을 가진 분들입니다. 이는 스스로 부인하기 어려울 것입니다. 아무도 믿지 못하기 때문에 엄마인 내가 책임지고 아이를 가르치고자 하는 것입니다. 그래서 아이를 더 옥죄기도 쉽고 다그치기도 쉬울 수 있습니다. 엄마표 공부를 통해 큰 성과를 얻고자 하기보다는 아이의 공부만큼은 자율적인 분위기 속에서 아이 스스로 할 수 있도록 분위기를 조성해준다는 의미로 접근해본다면 보다 편안하게 엄마표 공부를 시행할 수 있을 것입니다.

대한민국 모든 엄마에게 파이팅을 외쳐 드립니다.

기다림을 잊고 사는 우리 모두에게 드리는 글

기다려줄 줄만 안다면

욕심을 비울 줄만 안다면

내 아이를 있는 그대로 바라봐줄 줄만 안다면

내 아이가 사랑스러운 만큼 남의 아이도 소중하다는 것을 안다면

내 아이를 가르치고 베풀어주시는 분들께 감사할 줄만 안다면

내 아이의 문제를 객관적이고 이성적으로 바라봐주고 해결하기 위해 노력할 줄만 안다면

내가 바쁘다는 핑계로 아이가 이야기하는 것들을 외면하지만 않는다면

그저 아이를 아무 이유 없이 사랑할 수 있다면

초등 학교생활은 행복할 수 있습니다.

사실 과거 우리 부모님은 우리를 이렇게 키워주셨는데 어느 순간부터 빠르게 돌아가는 물질문명처럼 우리도 같이 바쁘게 허덕이며 아이를 함께 재촉하고 몰아가고 있는 것은 아닌지 생각해보아야 할 것입니다.

적어도 이 책을 읽고 계시는 부모님에게는 희망이 있습니다.

내 아이를 훌륭하게 키워내기 위해 아낌없이 고민하면서 이 책을 선택하셨을 것입니다.

이 세상에는 공부를 쉽게 하는 법, 내 아이 영재로 만드는 법, 내 아이 엄친아로 만드는 방법과 관련된 많은 책들이 존재합니다.

그러나 지름길은 없습니다.

부모는 교육적 소신껏 우직하고 꾸준하게 원칙을 지켜가며 아이를 사랑으로 키워내는 방법만이 정답입니다. 아무리 사회가 발전해 나가도 부모의 사랑과 소신을 이길 수 있는 교육법은 없을 것입니다.

위에 써 드린 모든 글은 사실은 자녀교육 전문가라 자부하면서도 늘 원칙을 잊고 살기를 밥 먹듯이 하는 제 자신에게 바치는 글이기도 합니다.

이 땅의 모든 부모님께 사랑의 인사를 건넵니다.

그리고 사랑으로 가득 찬 아이들이 자라 대한민국을 이끌어갈 흐뭇한 세상을 꿈꾸어 봅니다.

대한민국 초등학생! 아무리 언론에서 교육은 죽었다고 떠들어대도 저는 학교현장에서 꿈나무처럼 자라고 있는 맑고 밝고 사랑스러운 제자들로부터 꿈과 희망을 보고 있습니다.

2012년 어느 여름날, 14년째 초보교사 김수정

학교폭력에서 부모의 역할을 다시 생각하게 됩니다.

흐르는별

학교폭력에 관한 글 중 가장 공감, 또 공감이 가는 글입니다.

깜상

초등 교사로서 백배 천배 공감합니다.

혼킴

올해 딸아이를 학교에 보내고, 지금까지의 유치원 생활과는 다른 학교생활에 엄마인 저조차도 너무나 힘들고 백만 가지 생각들로 고민만 하고 있었는데, 선생님의 글을 보며 정리가 됩니다.

해피찍사

모든 열쇠는 가정에서 쥐고 있다는 말씀에 공감합니다. 많은 부모님이 김수정 선생님 글을 읽고 참조했으면 좋겠어요.

나디아

선생님의 글을 보고 눈물도 나고 마음이 너무 아팠습니다. 글을 읽고 나니 아이의 학교생활이 이해도 되고, 내가 내 아이에게 모델링 될 만한 모습을 보이고 있는지 반성도 되네요. 감사히 잘 읽고 갑니다.

승민맘

어쩜 이렇게 경험 속에서 녹아나오는 글들을 마음으로 담아 풀어놓았는지, 읽는 내내 어떤 육아서보다 많은 것을 느끼고 또 느끼는 중입니다.

마음내려놓기